UN BIODIVERSITY CONFERENCE
COP-15 CP/MOP10-NP/MOP4
Ecological Civilization-Building a Shared Future for All Life on Earth
KUNMING. CHINA. 2020

生态文明：共建地球生命共同体

ECOLOGICAL CIVILIZATION
BUILDING A SHARED FUTURE FOR ALL LIFE ON EARTH

探秘红树林

EXPLORING MANGROVES

生态环境部宣传教育中心◎主 编

北京环保娃娃公益发展中心
中国红树林保育联盟◎副主编

中国经济出版社
CHINA ECONOMIC PUBLISHING HOUSE

图书在版编目（CIP）数据

探秘红树林 / 生态环境部宣传教育中心主编. -- 北京：中国经济出版社，2024.6
（蓝星使者生物多样性系列丛书）
ISBN 978-7-5136-7745-5

Ⅰ. ①探… Ⅱ. ①生… Ⅲ. ①红树林 – 普及读物 Ⅳ. ① S718.54-49

中国国家版本馆 CIP 数据核字（2024）第 084056 号

策划统筹 姜 静
责任编辑 姜 静 王西琨
责任印制 马小宾
封面设计 张 帅 一 墨

出版发行 中国经济出版社
印 刷 者 北京富泰印刷有限责任公司
经 销 者 各地新华书店
开 本 880mm × 1230mm 1/32
印 张 6.5
字 数 128 千字
版 次 2024 年 6 月第 1 版
印 次 2024 年 6 月第 1 次
定 价 68.00 元
广告经营许可证 京西工商广字第 8179 号

中国经济出版社 **网址** http://epc.sinopec.com/epc/ **社址** 北京市东城区安定门外大街 58 号 **邮编** 100011
本版图书如存在印装质量问题，请与本社销售中心联系调换（联系电话：010-57512564）

《探秘红树林》编委会

蓝星使者生物多样性系列丛书序言

FOREWORD TO THE EARTH GUARDIANS BIODIVERSITY SERIES

当前社会，气候变化、生物多样性丧失和环境污染是人类面临的三大环境危机。这三大事件相互关联和影响，为人类的当下和未来埋下了层层隐患，其中，由于海洋微塑料、海平面气温上升、土地使用不合理、工业污染排放等多种原因，生物多样性丧失趋势正在逐渐加快，不仅北极熊失去栖息地、珊瑚礁白化等新闻屡见报端，在人类难以察觉的地方，也有物种正在悄悄消亡。

从定义上说，“生物多样性”是生物（动物、植物、微生物）与环境形成的生态复合体以及与此相关的各种生态过程的总和，包括生态系统、物种和基因三个层次。

因此，强调生物多样性的意义不仅关系到对某些濒危物种的保护，更在于维持整体生态系统的稳定，并最大可能地保存自然界中的遗传信息。

与此同时，在我国生物多样性保护工作中，涌现出了一批扎根野外的动物保护工作者，产生了很多优秀案例。《蓝星使者生物多样性系列丛书》从策划之初，就希望聚焦野生动物的一线保护工作，讲述传播环保组织遍布雪峰高原、山川密林、海滨滩涂等地的观察和保护故事，极具参考价值和传播意义。系列图书聚焦雪豹、绿孔雀等旗舰物种的生态轨迹，展现了200多个物种的奇妙瞬间，内容涉及灵长类、鸟类、水生动物等，并巧妙运用野外拍摄素材和手绘艺术插画，全方位展示野生动物的真实生活。

《蓝星使者生物多样性系列丛书》目前已出版五册。其中，《豹在雪山之巅》《自然界的灵之长》《守护自然飞羽》《呵护水精灵》为第一辑，2022年面世，从《探秘红树林》开始，进入第二辑内容。丛书第一辑入选2022年科普中国创作出版计划，首次展出于《联合国生物多样性公约》第十五次缔约方大会现场，在社区开展了丰富多彩的科普活动，受到公众的喜爱。

当人类友好保护自然时，自然的回报是慷慨的。当人类粗暴掠夺自然时，自然的惩罚也是无情的。我们要深怀对自然的敬畏之心，尊重自然、顺应自然、保护自然，构建人与自然和谐共生的地球家园。

关心始于了解，行动基于知识。希望这套图书为读者打开新的视野，希望更多的人成为保护生物多样性保护的“蓝星使者”。

闫世东
2024年6月5日

目录 Contents

01 走近红树林

02 新盈的理想——海南后水湾湿地

03 守护儋州湾

04 发现会文之美

05 坝光有片银叶树

APPROACHING MANGROVES 01

走近红树林

近年来，“双碳”（碳达峰和碳中和）目标逐渐成为国际社会的热点和潮流。“双碳”目标是中国于 2020 年最先提出的两个阶段碳减排奋斗目标，即二氧化碳排放力争于 2030 年前达到峰值，努力争取 2060 年前实现碳中和。随着“双碳”战略目标的提出和落地实施，作为地球上最密集的碳汇之一，海岸带蓝碳备受关注。

蓝碳即蓝色碳汇（海洋碳汇），是相对于陆地森林所固定的绿碳的一个比喻，而海岸带蓝碳指的是海岸生态系统所能够捕获和储存的大量永久埋藏在海洋沉积物里的碳。蓝碳的提出，使得海岸带生态系统在固碳和减缓大气温室气体排放方面的生态系统服务得到广泛认识。

目前公认的被纳入海岸带蓝碳收支的滨海湿地生态系统包括红树林、滨海盐沼和海草床等，但不包括珊瑚礁，其中最为重要的还是红树林。红树林生态系统是海岸带蓝碳碳汇的主要贡献者，研究表明，仅占全球陆地面积 0.1% 的红树林，其固碳量却占全球固碳量的 5%。

红树林是生长在热带、亚热带海岸潮间带的木本植物群落，广泛分布于热带及亚热带海岸。由于涨潮时有时被海水部分淹没，仅树冠露出水面，晒着日光浴，被称为“海上森林”；有时被海水完全淹没，只在退潮时才露出水面，泡着海水浴，也有人称之为“海底森林”。

从空中俯瞰红树林　供图 / 冯尔辉

海南新盈红树林国家湿地公园一角
供图 / 中国红树林保育联盟

红树林是红色的吗?

顾名思义，红树林与“红”有关。你是不是想到了秋天变红的枫叶林或做家具的红木？其实，它们之间没有任何关系。从外观上看，红树林与其他森林无异，都是郁郁葱葱的绿色，因其植株内富含单宁，单宁氧化后会变成红色而得名。

可以说，红树林是“心红表不红”。许多年前，马来人在砍伐一种叫木榄（*Bruguiera gymnorrhiza*）的植物时，发现其裸露的树干显红色，就连砍刀的刀口也变成红色。他们利用这种植物的树皮提取物制作出了红色染料，于是将木榄的树皮称为“红树皮”。

“心红表不红”的红树植物树干
供图 / 王文卿

红树林并非单一物种，而是包含许多种植物。全世界红树植物的种类超过 80 种，我国就有 38 种（其中 26 种为真红树植物，12 种为半红树植物，不包括国外引种的种类）。我国常见的红树植物有秋茄（*Kandelia obovata*）、白骨壤（*Avicennia marina*）、桐花树（*Aegiceras corniculatum*）、木榄、红海榄（*Rhizophora stylosa*）、海漆（*Excoecaria agallocha*）等，也

桐花树的隐胎生果实　供图 / 中国红树林保育联盟

不乏珍稀濒危物种，比如红榄李（*Lumnitzera littorea*）和海南海桑（*Sonneratia × hainanensis*）。

在我国，由南到北，红树植物的种类随着纬度的增加而不断减少。以真红树植物为例，海南分布有 26 种真红树植物，广东、广西和福建依次减少，而到了浙江仅剩秋茄 1 种。在红树林生态系统发育较完善的地方，不同的红树植物通常“列队”分布，从陆地到潮间带依次为：黄槿（*Hibiscus tiliaceus*）、银叶树（*Heritiera littoralis*）等半红树植物，海漆、卤蕨（*Acrostichum aureum*），木榄、海莲（*Bruguiera sexangula*），秋茄，桐花树、白骨壤等先锋植物。

植物里的“特长生”

海边的潮间带有以下几个特点：间歇性的潮水浸淹、海水盐度高、土壤缺氧等，因此，红树林必须具备足够的本领应对这些条件，在植物界里堪称“特长生”。

特长一：自带“海水淡化器”

众所周知，几乎所有生物的新陈代谢都依赖淡水，海里的生物也不例外。虽然周围全是海水，但对于红树林而言是“生理缺水”，它需要的是淡水，因此红树林首先必须解决淡水的问题，好在它们都自带“海水淡化器”。所有的红树植物都有“拒盐”的本领，通过构建特殊的“半透膜”体系将盐分过滤。过滤效率高的植物如秋茄和木榄的过滤效率可达99%以上，称为“拒盐植物”；过滤效率稍低的植物如白骨壤和桐花树的过滤效率也可达90%以上，吸入体内的多余盐分可通过叶片的盐腺分泌出去，称为“泌盐植物”。

桐花树叶片泌盐　供图／中国红树林保育联盟

特长二：拥有奇形怪状的根系和发达的通气组织

抵御潮水冲刷和获取氧气，是红树林需要解决的另外两大难题。不同的红树植物生出庞大且奇形怪状的根系。具有支柱固着作用的根系主要有：红海榄和正红树的支柱根，银叶树和秋茄的板状根，等等。

银叶树的板状根
供图 / 中国红树林保育联盟

白骨壤的指状呼吸根
供图 / 中国红树林保育联盟

红海榄的支柱根
供图 / 中国红树林保育联盟

具有呼吸和传输氧气作用的根系主要有：白骨壤的指状呼吸根，海桑属红树植物的笋状呼吸根，木榄的膝状呼吸根，等等。

如果细心观察，不难发现，水生植物都具有发达的通气组织，比如水稻的茎是中空的，莲藕的也是。红树植物的呼吸根系也一样，内部有发达的通气组织，有些呼吸根的表面还有密密麻麻的皮孔。皮孔不仅出现在红树植物的呼吸根，有些红树植物如尖瓣海莲（*Bruguiera sexangula* var. *rhynochopetala*）的树皮上也密布皮孔。

木榄的膝状呼吸根　供图／中国红树林保育联盟

潮水的涨退是一个循序渐进的过程，红树林也随之在“海底森林”“海上森林”和“海岸森林”之间不断切换场景。当红树林完全露出或被部分淹没时，红树植物通过暴露于空气中的呼吸根系和皮孔获取氧气，并在发达的通气组织中传输、转运和储存；当红树林被完全淹没时，红树植物利用储存在通气组织中的氧气维持新陈代谢等生命活动，直到下一次退潮，这就类似水肺潜水员利用压缩空气瓶在水下维持呼吸和新陈代谢。

尖瓣海莲树皮上密布的皮孔
供图 / 中国红树林保育联盟

退潮后的红树林
供图 / 中国红树林保育联盟

水中的红树林　供图 / 张帆

“海上森林”红树林——海南清澜港　供图 / 中国红树林保育联盟

特长三：生长聪明的果实

红树植物为了适应潮间带生活，演化出了以海漂方式传播果实（或繁殖体）的本领，部分红树植物甚至还具有特殊的“胎生”技能。

大部分红树植物的果实（或繁殖体）都具有海漂果实的特点：体积大、重量轻、密度小于海水、富含营养、果皮坚韧或富含单宁，有些果皮纤维化或果实内有较大的空隙。

比如秋茄，其成熟的胚轴长度可达 20 厘米，而质量却不足 20 克，密度小于海水，可随海水漂流；胚轴内富含营养物质，可保证长途海漂的消耗；胚轴内富含单宁，可避免漂浮过程中海水的腐蚀和动物的啃食。

在动物界，胎生现象很普遍；在植物界，也有极少数植物是胎生的。绝大部分植物的果实成熟时即脱离母体，种子不休眠或经短暂休眠再萌发，有些种子需要经历长时间的休眠；但对于红树植物

秋茄的显胎生胚轴
供图／中国红树林保育联盟

白骨壤的隐胎生果实
供图／中国红树林保育联盟

而言，间歇性的潮水冲刷否定了大部分的客观条件。因此，一些真红树植物（如秋茄、红海榄、白骨壤等）掌握了“胎生”的技能，它们的果实在早期并不脱离母体，种子在果实里萌发并从母体吸收营养，待果实成熟并脱离母体时，已经是一棵棵小苗了。这些小苗能在很短的时间内扎根于滩涂，从而避免被潮水冲走。

由于练就了“海漂”和“胎生”的高超本领，所以红树植物堪称“海洋鲁滨孙”。

生物多样性的宝库

红树林与海草床、珊瑚礁、盐沼并称为“四大海洋生态系统”。作为生产力最高的“四大海洋生态系统”之一，红树林为许多动物提供了安全的居住环境和丰富的食物来源。当然，红树林中的动物也为其生长提供了帮助，它们之间是和谐的共生关系。比如，红树林中生活着大量螃蟹，植物的凋落物为螃蟹提供丰富的食物来源，植株和根系又为其提供安全的庇护场所；而螃蟹通过掘穴来改善土壤的通气条件，帮助植物获取更多氧气，同时螃蟹的排泄物又为红树林提供养分。

据统计，中国红树林中生活着超过 3000 种动物。树冠上，白鹭在巢里孵蛋；树干上，攀附着许多斑肋拟滨螺和麦氏拟蟹守螺；树洞里，海蟑螂不断探出头来观察险情；树基部，附着了大量牡蛎和藤壶；树根间夹插着红树蚬，一些相手蟹将烟囱状的洞口高高垒起；滩涂上，大弹涂鱼正张大嘴巴竖起背鳍耀武扬威，企图吓走侵入领地觅食的招潮蟹；远处浅滩里，黑脸琵鹭正在水里摇头晃脑，用其特有的方式觅食；偶尔，还会有大的（雌性）中国鲎背着小的（雄性）中国鲎到红树林里谈情说爱……

相手蟹的烟囱状碉堡　供图 / 中国红树林保育联盟

红树蚬　供图 / 中国红树林保育联盟

爬到树干上的麦氏拟蟹守螺
供图 / 中国红树林保育联盟

潮涨潮落的每一天，红树林中总在发生有趣的故事。也许你会听到“啪啪”的脆响，那是鼓虾用一只强有力的大螯高速夹击水流发出的声音；也许你能看到远处光滩上密密麻麻的乳白色“光头”螃蟹，可一眨眼它们又消失了，那是短指和尚蟹，它们正在快速地螺旋式挖洞；也许你会发现一片贝壳在退潮时逆流而上，请不要怀疑自己的眼睛，那是关公蟹披着它的“斗篷”在躲避敌人的同时找寻食物。

红树林的重要作用

虽然红树林面积不及全球热带森林总面积的 1%，但红树林是地球上生物多样性最丰富和生产力最高的海洋生态系统之一，也是生态服务功能最强的生态系统之一。红树林具有抵御风暴潮、保护堤岸、维护生物多样性、净化海水、调节气候、促进生态旅游和科学研究等重要作用，素有“造陆先锋”的美誉。此外，红树林还具有固碳储碳的重要生态功能。

全世界 123 个国家和地区，有超过 1 亿人生活在大片红树林分布区方圆 10 公里的范围内。红树林为他们提供了生计来源——干净的海水、丰富的海产品和森林产品等。

每年台风来临前，红树林分布区周边的渔民都会将渔船开进红树林潮沟或有红树林庇护的港湾里避风，红树林通过茂密的林墙和发达的根系发挥防风消浪的作用。据报道，100 米宽、1 公里长的红树林林带能抵御 10 级以上的台风。对于人类而言，红树林最重要的作用是保堤护岸，减缓风暴潮的危害。这在历年强台风（如“尹布都”“黑格比”“龙王”等台风）中都得到了有力的印证，更在 2004 年底的印度洋海啸期间得到了深刻的验证。东南亚海啸后，研究人员对受灾沿岸考察后发现，有红树林保护的海岸居民生命财产受损极小，而无红树林保护的海岸居民灾后生命财产损失惨重。因此，红树林也被称为“海岸卫士”“绿色长城”。

中国红树林分布于东南沿海的福建、广东、广西、海南、浙江、香港、澳门和台湾等八省区，总面积不及全球红树林总面积的2‰，但生物多样性非常丰富。

虽然红树林具有极为重要的生态服务功能，但在早期并未引起足够重视。中国红树林曾经历了三次较严重的破坏：20 世纪 60 年代初至 70 年代的围海造田运动；20 世纪 80 年代至 90 年代的围塘养殖及围垦滩涂；20 世纪 90 年代至 2000 年前后的港口码头建设及城市化发展。与 1950 年的 5 万公顷相比，2000 年红树林面积仅剩 2.2 万公顷，骤减了 56%。在人为干扰和全球气候变化的双重影响下，中国红树林面积显著减少，而且现存的红树林普遍存在群落退化、生产力下降、生物效能大大降低等诸多问题，红树林的保护和修复工作迫在眉睫。

好在过去 20 多年里，中国政府开展了沿海防护林建设、“蓝色港湾”行动和红树林保护修复专项行动计划等大规模人工修复红树林工程，通过制定法律法规、建立健全自然保护地体系、培养和组建保护管理团队等措施严格保护天然红树林。中国已建立了 38 个以红树林为主要保护对象的自然保护地，超过 75% 的天然红树林被纳入保护地范围，远远超过 25% 的世界平均水平。红树林已经成为中国保护力度最大的植被类型。

除各级政府力量外，高校和科研院所也在红树林的研究、保护和修复等方面做出了巨大贡献，此外，各地还涌现出大量的社会公益力量，在红树林保护、修复、公众参与和教育、社区替代生计等方面做了诸多努力。在多方的参与、有力的保护和科学的管理下，截至 2022 年底，中国红树林面积已增至约 3 万公顷，成为世界上少数红树林面积净增加的国家之一。

随着应对全球气候变化的“基于自然的解决方案”的提出，红树林蓝碳生态系统的保护和修复研究与潜力开发也迎来了新的契机，许多改变正在发生：2021 年 4 月，广东湛江红树林造林项目成为中国开发的首个蓝碳交易项目；2021 年 10 月，中共中央、国务院印发的《国家标准化发展纲要》提出：建立健全碳达峰、碳中和标准；2021 年 11 月，厦门航空上线全国首批“碳中和机票”，其抵消碳排放的碳汇款项用于红树林生态修复项目；2023 年 9 月，全国首单红树林保护碳汇在深圳成功拍卖……

在中国实现“双碳”目标的高速路上，红树林将提供不竭动力。

本文原创者

刘毅

厦门大学环境科学博士。中国红树林保育联盟理事长兼总干事、莆田绿萌滨海湿地研究中心主任、厦门市科普作家协会理事、IUCN[①]世界保护地委员会（WCPA）及教育与传播委员会（CEC）委员[②]、中国生态学学会红树林生态专业委员会委员。

自 2001 年至今一直开展红树林生态系统的研究和民间保育工作，同时开展潮间带软体动物的研究和科普工作。曾获英国最高自然保育奖——惠特莱奖、福特汽车环保奖、SEE·TNC 生态奖等国内外知名环保奖项。

主编《我们赶海去》《潮汐国度——生命的繁衍密语》等科普读物 10 余种。编著的书籍曾获海南省优秀精神产品奖（海南省“五个一工程”奖）、中南六省（区）优秀教育读物特等奖、自然教育优秀书籍、生态环境优秀科普作品（图书）等荣誉。在《中国国家地理》《知识就是力量》《环球少年地理》《少年科学画报》《海洋世界》等期刊上发表多篇科普文章。

---

① IUCN：世界自然保护联盟（International Union for Conservation of Nature）。

② 世界保护地委员会（World Commission on Protected Areas，WCPA）及教育与传播委员会（Commission on Education and Communication，CEC）为 IUCN 下属的委员会。

THE IDEAL OF XINYING—THE HOUSHUIWAN WETLAND IN HAINAN

02

新盈的理想——海南后水湾湿地

涨潮时的红树林生境，“海上森林”由此而得名　供图 / 罗理想

海南后水湾湿地位于海南省西北部和儋州市东北部的泊潮港，以海南新盈红树林国家湿地公园为中心，包括其周边的儋州光村银滩与临高和贵村红树林保护区等区域。

2007 年开展国家湿地公园试点建设，海南新盈红树林国家湿地公园便是全国第一个红树林国家湿地公园试点，于 2016 年 8 月通过验收，是海南省首个国家级的滨海湿地公园。2018 年列入海南省首批国家重要湿地，2020 年列入“国家重要湿地名录”。公园总面积 507.05 公顷，湿地面积 388.22 公顷，湿地率达 76.56%。

该湿地公园的主要植被是红树林，在整个湿地面积中仅红树林就占了 197.76 公顷。在这里发现的红树植物有 12 科 21 种，其中真红树植物 8 科 16 种，半红树植物 5 科 5 种，包括在这里发现的中国红树植物新记录种拉氏红树（*Rhizophora* × *lamarckii*）和全国少见的大面积连片的木榄群落，不仅是海南西海岸最重要的红树林生态系统之一，也是勺嘴鹬、黑脸琵鹭等濒危候鸟的重要栖息地。此外，该湿地公园内有许多人文资源和特色建筑，如列入首批国家非物质文化遗产名录的儋州调声、宗祠文化、火山石屋、自流井、镇海神兽等。

蒙古沙鸻、红脚鹬等在水鸟生境塘里歇息，一片安详景象　供图 / 罗理想

延伸阅读

EXTENDED READING

黑脸琵鹭

Platalea minor

黑脸琵鹭，鹮科琵鹭属，因为长着一个像琵琶一样的黑色长嘴巴而得名，国家一级保护动物，珍稀濒危鸟种。黑脸琵鹭是新盈湿地的明星鸟种，每年冬季都吸引着不少观鸟爱好者慕名前来。潮间带、废弃鱼塘、红树上，甚至荒废农田中都可以看到它们歇息或觅食的身影，最近几年每年来越冬的数量都有增加，是监测生态环境的重要鸟种。

黑脸琵鹭举止稳重，觅食时长嘴巴在浅水中左右搜索，不慌不忙；飞行时体态优雅，缓慢起落，画面极其安详，衬托着周遭世界的爱与和平。

黑脸琵鹭在浅水里追逐嬉戏，自由而快乐　供图／罗理想

光村银滩是砂质滩涂的滨海湿地，有着三四公里长的海岸线，每年冬天都聚集 3000~4000 只水鸟在此越冬，是海南已知的第二个勺嘴鹬越冬地，也是观测鸥类如大凤头燕鸥、红嘴巨鸥的最佳去处。目前，光村银滩还未纳入自然保护地体系，但是现在的政策普及、保护野生动植物的理念等通过当地各单位各部门以及多种媒介宣传后，人们的生态环护意识都有所提升，来此自驾游的游客或赶海的村民跟鸟类相处得都很融洽，各行其道，互不伤害。

沙鸻等鸟类飞过海面，不远处是正在赶海的村民，成一幅人鸟和谐共处的温馨画面　供图／罗理想

每到冬季，大凤头燕鸥便如约而至，或在沙滩上熙熙攘攘，或在海面上来回飞翔，甚为壮观　供图／罗理想

和贵村红树林自然保护区跟海南新盈红树林国家湿地公园一衣带水，是鹭鸟的天堂，是夜鹭的繁殖地。每当夜幕降临，一群群的白鹭、牛背鹭等便缓缓穿过夕阳回到这里夜宿。每当冬季来临时，这里便成为大白鹭、苍鹭等鸟类的栖息地，同时也是鸭类偏爱的区域。

栗树鸭在水面游弋，惬意地随波荡漾　供图 / 罗理想

泽鹬在辛勤地觅食　供图 / 罗理想

后水湾湿地除了红树林湿地，还有浅海水域、库塘湿地、稻田湿地等。湿地类型的多样孕育着生物的多样性，特别是鸟类。这里是海南西海岸鸟类重要栖息地之一，每到冬季，鸻鹬集结，鸥鹭齐飞，甚为热闹。

截至2023年6月，在后水湾湿地共记录鸟类194种，其中国家一级保护动物5种；二级保护动物75种；海南省保护动物37种。

蒙古沙鸻等在红树林区域里站立，仿佛在等待着什么　供图／罗理想

黑脸琵鹭飞至滩涂，准备开启觅食模式。
青脚鹬等鸟类早在那里等候　供图／罗理想

巡护员与勺嘴鹬的故事

勺嘴鹬（*Calidris pygmaea*），鹬科勺嘴鹬属，是一种小型涉禽，体长 14~16 厘米，有显著的白色眉纹，上体有灰褐色纵纹。它最独特的地方是有一张汤匙形状的嘴。勺嘴鹬是国家一级重点保护野生动物、全球濒危物种，只有 600~1000 只，极其珍稀。据说它们数量的减少大致有两个原因，一是迁飞中转站的消失，二是在越冬地被捕猎。后来才知道，它们本身的繁殖能力弱也是导致数量减少的一个重要因素。它们喜欢跟红颈滨鹬、蒙古沙鸻这些小鸟混群，并且它们体格太小，数量稀少，而且不停四处乱窜，很难被发现。

罗理想是湿地公园的一名巡护员，在海边走走逛逛是他每天的日常。深浅不一的脚印在滩涂里、在塘坝上留下一排排弯曲的小径，它们记录着巡护员日复一日翻来覆去徘徊的足迹。潮水涨落，时而退去，时而重归，宛如生命的曲折律动，时起时落，充满了壮丽与浪漫。阵阵清风扑来之时，成片的红树林便随之摇曳，绿叶随风飘荡起舞，奏响属于自然的乐章。

鸟类的栖息是红树林生态系统中的重要一环，因此护鸟也是每个红树林保护区重中之重的责任。巡护员罗理想从 2015 年便开始观鸟，并做生物多样性监测工作。那时，罗理想对鸟类如痴如醉，眼里只有鸟影，耳里只有鸟声，一天不见鸟便忐忑不安，担忧不已。当爱好与工作碰撞出火花，激情便开始燃烧岁月。观测鸟类成为工作的重点，滩上的鸻鹬，树上的鹭，空中的猛禽，水中的鸭，一举一动、一颦一笑每时每刻活跃着他巡护时的心情。虽然也会有螃蟹横行、鱼儿跳跃、蝴蝶沾花、蜻蜓点水等美好场景沁人心脾，但鸟儿们始终是罗理想的偏爱。

蒙古沙鸻在被海水包围的沙丘上休息　供图／罗理想

天气爽朗的清晨，罗理想像往常一样，带上双筒望远镜和佳能数码相机，骑上巡护摩托车，赶往湿地公园开始巡护及监测。随着潮水慢慢上涨，许多鸟群便飞到了养殖塘，其中稍干的鱼塘就是鸟儿最爱的停歇地点。潮位稍小时它们就在塘里觅食，潮水高了就在塘坝上歇息。鸟儿们虽然数量庞大，但停歇或挪动时好比一支训练有素的队伍，仿佛冥冥中有谁在下达指令似的，所有行动整齐划一、团结一致，甚是壮观。鸟类行动集中统一的特点，非常便于巡护员观测，罗理想平时就在塘坝上边走边看，看到鸟多的地方就停留久些仔细观察。

认识新朋友

MEET NEW FRIENDS

白腰杓鹬

Numenius arquata

丘鹬科杓鹬属，国家二级保护动物，虹膜褐色，嘴褐色，脚青灰色。白腰杓鹬比中杓鹬大好多，体长约55厘米，嘴巴也相应更长，中杓鹬的嘴巴一般是头长的2倍，而白腰杓鹬的嘴巴一般是头长的3倍。它们都是新盈湿地常见的越冬鸟，喜欢混在一起群起群落。

站立在塘坝上的白腰杓鹬、青脚鹬等　供图／罗理想

白腰杓鹬跟大杓鹬极其相似，混迹走动时难以辨识，相对来说，大杓鹬比较少见。白腰杓鹬的下腹及尾下偏白色，飞时腰部呈白色，而大杓鹬无白腰，下腹多褐色。

或许罗理想已经习惯了清汤寡水的日常生活和工作，既没有落寞也没有惊喜。但在观鸟时，他的内心仍是抱有许多期待的，他期待看到更多的鸟，期待见到更多新“面孔”。所以，每当看到鸟群时，罗理想都会仔细地反复扫描搜索，生怕一不小心便错过了美好的瞬间。

罗理想第一次偶遇勺嘴鹬是在 2016 年 4 月，现在他回想起那天仍记忆犹新。

罗理想回忆道，以前自己对鸟类的认识还不够丰富，有时候就算发现了特别的鸟儿，一时半会儿也辨识不出来，因此他只能拍下照片查询或者发到群中询问老师。至于勺嘴鹬这样珍稀的鸟类，更是没见过，只听老师说起过名字，也在鸟书上粗略了解过，他感觉与这种鸟相遇是非常困难且遥远的事情，便没有太放在心上。

这一天，罗理想照常进行着观鸟工作，他来到东场村前面的养殖塘里，在这里很多小鸟都随着潮水上涨而从滩涂慢慢飞了上来，越聚越多。罗理想习惯于看到鸟后首先拍下照片，由远而近，不论全景还是局部都先拍了再说，随后撤到安全位置再用望远镜观察。罗理想不断地对鸟儿们边观察边拍摄，也在不断地寻找着有没有特别的鸟类，可惜看到的全是蒙古沙鸻、铁嘴沙鸻、黑腹滨鹬、红颈滨鹬等混群，熙熙攘攘，简直比清明上河图还热闹。观察过后，罗理想感觉跟往常的情况没什么不同，便记录好种类和数量，随后去下一个监测点。

巡护工作结束后，罗理想像往常一样用电脑查看当天拍摄的照片，密密麻麻的图片看得他双眼模糊。删掉，保存，罗理想不断重复着手里的动作，感到头昏脑涨。就在这时，他突然发现其中一张照片里有只鸟的嘴巴很特别，扁扁的，下嘴膨大，就像一个勺子。罗理想心里瞬间惊喜，马上把照片发到群里问老师这是不是勺嘴鹬，老师给出的结果振奋人心，就是勺嘴鹬！“耶！”罗理想激动不已，自己居然发现了这样稀有的鸟类。

据卢刚老师介绍，这种鸟类在海南以前仅仅有过两次记录，第一次在 2009 年，海口海甸岛美丽沙，第二次是 2011 年在东方昌化江口。而这一次在海南新盈红树林国家湿地公园的记录便是第三次，并且有确切的照片。

养殖塘里的勺嘴鹬　供图 / 罗理想

当天晚上罗理想睡得不太沉，只想天快点亮，好去海边再看到勺嘴鹬，并且他渴望定格更清晰更好看的镜头。

在第二天清晨，还没等罗理想下湿地，就有不少观鸟的朋友打电话过来说要拍勺嘴鹬，随后来拍鸟的人越来越多，就连媒体记者也闻风而动。接下来的几天，这些人就在观测并给勺嘴鹬拍照里度过，并满意而归。

像《海南日报》《南国都市报》等媒体对此事都大篇幅地做了报道，既提高了海南后水湾湿地的知名度，又科普了生态环保理念。罗理想在勺嘴鹬的名声和别人的赞美声里度过了一段浮华但也算有意义的时光，从此，他寻找鸟类的脚步更加坚定，对湿地生物多样性监测的方向也更明确。即使许多年过去，每当罗理想回想起这段经历，仍然记得当时自然流露的懵懂与纯真，内心依旧有着难以掩饰的幸福感，这样难忘的经历与兴奋激动的心情即使是经历漫长岁月的冲刷也难以褪色。

除了后水湾湿地的调查之外，接下来在海南的各个地方进行的很多鸟类调查中，罗理想也相继记录到勺嘴鹬。曾经是机缘巧合，如今这份缘随着热爱与追随不断地延续。

在 2018 年 1 月的海南越冬水鸟调查中，罗理想在东方四更面前海盐田记录到 2 只勺嘴鹬，那次的发现也是非常凑巧，在现场并没有准确确定，而是在电脑上看照片时发现了勺嘴鹬，重演了罗理想第一次发现勺嘴鹬时的情景。

随后的 3 次发现都在儋州光村银滩，也就是在海南后水湾湿地，时间分别为 2019 年 3 月 29 日、2021 年 3 月 31 日和 2022 年 12 月 24 日。前两次是罗理想的个人观测，他知道每当过境季节就会有好鸟经过，因此特意经常到此寻找，果不其然都有所收获。最后一次是参加勺嘴鹬调查活动，当时记录到 1 只戴脚环的勺嘴鹬，并跟踪监测到 2023 年 3 月才离开，其间罗理想也是隔三岔五地就去察看这只勺嘴鹬，每次看到它依然在那里悠闲地觅食，心里就满足极了。

随后，巡护员们通过多次发现以及调查已经确定了勺嘴鹬是要在此越冬，于是光村银滩自然也就成了勺嘴鹬在海南的第二个越冬地。这对研究勺嘴鹬的迁徙和栖息情况，以及海南后水湾湿地生态环境的变化都有着非比寻常的重要意义。

勺嘴鹬　供图 / 罗理想

勺嘴鹬　供图／罗理想

勺嘴鹬　供图／罗理想

巡护员们相信，这片湿地跟勺嘴鹬的缘分肯定会延续，故事的情节肯定也会有所不同。只要还心存热爱、心怀牵挂，这些观鸟爱好者和从事生物多样性监测的工作人员，跟勺嘴鹬和其他鸟类依然会继续产生交集，且跌宕起伏精彩纷呈。

在这里讲鸟与人的故事，不仅是为了分享巡护员们的自身成就，也不仅是为了展现鸟的趣味和缤纷，抑或是红树林湿地的美丽和富饶，更加重要的是告诉大家保护生物多样性的行之有效和发展的落地有声，以及两者的和谐并进。

保护和发展

讲巡护员观鸟的故事，最终还是为了关注湿地的变化情况。如今在践行人与自然和谐共生的理念时要做的其实就是保护好身边的生态环境，保护好红树林湿地。与此同时，在保护的基础上考虑和规划未来发展的方向和前景。

为了增强保护力量，在原有 3 名护林员基础上，湿地公园利用地方财政资金增加护林员 29 名、保安 5 名，加大了巡护和宣教力度，同时选拔有能力有爱好的工作人员参与到监测工作中来，壮大监测队伍。

海南新盈红树林国家湿地公园护鸟队
供图 / 新盈红树林国家湿地公园

湿地修复种植的红树林　供图 / 罗理想

湿地公园的修复也是保护生态系统的重中之重，因此自2019年起，湿地公园便持续开展入侵潜力强的外来物种拉关木清理工作，经多轮次的人工拔除，目前已基本清除，改善了红树林生态环境。另外，2019年完成湿地公园内117口1734.1亩养殖塘退塘工作，并根据不同的生态区域采用人工修复、自然恢复及半自然恢复等不同模式进行湿地修复。如今，湿地种植的红树林长势良好，自然恢复的也在自然地布局。同时，营造3个总面积达376.4亩的高潮位水鸟生境塘，给水鸟提供了极佳的停歇及觅食场所。监测数据显示，近年来此栖息觅食的水鸟稳步增加，例如黑脸琵鹭，2023年记录到58只，创历史新高。

黑脸琵鹭在生境塘的坝上歇息　供图／罗理想

湿地公园联合科研院所、社会组织等机构多方合作，共同推进生态保护。一是社会组织。以中国红树林保育联盟（CMCN）为例。CMCN自2015年至今在后水湾湿地开展了多元的、系统的推动工作，积累了较丰富的经验和成果。比如CMCN开展了一系列的生物多样性本底调查和保育工作，还与其他机构共同开展了新盈湿地公园宣教体系的规划和开发、鱼塘水鸟生境管理的底栖动物监测、新盈周边社区生态旅游规划、红树林生态工作假期、乡土红树林湿地不同恢复模式的研究、“任鸟飞——新盈的理想”Ⅰ～Ⅲ期项目、“MCF千红计划”、“守望滨海湿地”计划，等等。二是科研院所。2022年和2023年，湿地公园与海南省环科院合作建设湿地公园的碳通量观测系统，为新盈红树林系统碳汇科学评估与碳汇管理提供科学依据。湿地公园与海南林科院红树林研究所、海南大学开展种植红树林与底栖生物群落恢复项目，利用激光雷达、多光谱遥感等手段开展红树林修复效果监测评估，旨在优化修复区生态和提升景观质量。

虽然在湿地的管理上取得了一定的成效，对发展的前景也有了一定的规划，但在实际工作中还存在诸多困难和问题。

中杓鹬在生境塘的小岛上歇息　供图／罗理想

大家都知道，湿地管理与周边村民的生产生活息息相关，因此协调发展好生产、生活和生态的“三生关系”至关重要，比如退塘还湿后如何帮助当地村民推动产业转型等。在环岛旅游公路开通后，如何利用区位优势结合自然资源优势培育生态旅游产业，让更多的人共享生态红利等，都是湿地公园要着重考虑、统筹规划的目标，也是未来发展的方向。

碳通量塔　供图／罗理想

鸟友们一起做鸟类调查　供图／罗理想

大凤头燕鸥在海面飞翔　供图／罗理想

大潮期的红树林景观　供图／罗理想

本文原创者

罗理想

海南新盈红树林国家湿地公园监测站副站长，在此工作十多年，主要从事红树林管护及滨海湿地生物多样性监测工作。

GUARDING DANZHOU BAY 03

守护儋州湾

儋州湾红树林　供图／郭能为

儋州湾位于海南省儋州市中北部，是北部湾伸入洋浦半岛形成的半封闭内湾。儋州湾口窄里阔，东南北三面由玄武岩台地环抱，南北有大小珊瑚岛和洋浦鼻形成天然屏障。北门江和春江由此入海，大量河水带来丰富的有机物质和矿物质，孕育了大面积连片的红海榄林，是国内罕见的以红海榄为优势物种的群落之一。由火山喷出或溢出物质堆积而成的火山海岸，与红树林、滩涂交会，形成了独具一格的火山海岸红树林景观。

不仅如此，儋州湾还是海南岛已知迁徙水鸟数量最多、珍稀濒危水鸟种类最多的鸟类栖息地。1986年，儋州湾内成立新英湾红树林自然保护区。2019年，儋州湾入选《中国沿海湿地保护绿皮书》“最值得关注的十块滨海湿地”。

红树林与鸟类共生共存

鸟类与红树林之间存在密切的关系：

● 红树林是一种生态系统，通常生长在沿海地区的潮间带，为许多鸟类提供了栖息地。

● 红树林的根系和茂密的枝叶为鸟类筑巢、休息和藏匿提供了遮蔽和保护。

● 红树林地区的河口和海滩是鸟类的食物来源地之一，因为这些地区通常拥有丰富的鱼类、甲壳类、昆虫和其他小型生物，这些生物对鸟类来说都是美味佳肴。

● 红树林是候鸟的迁徙站，它们在迁徙途中可以在这里休息、恢复体力和觅食，因此红树林为鸟类提供了独特的生活环境和生态服务。

鸟类在这片生态系统中同样扮演着重要的角色：

- 鸟类在红树林生态系统中起到帮助维持生态平衡的重要作用。红树林中的生物多样，包括小型甲壳类、鱼类、昆虫和其他无脊椎动物。许多鸟类以这些小型生物为食物，通过捕食这些小型生物，可以有效控制它们的种群数量，防止它们过度繁殖，起到控制生态平衡的作用。
- 一些鸟类在红树林中帮助传播植物的种子。它们吃下红树植物的果实，然后将种子传播到其他地方，促进了植物的繁殖和扩散。

鸟类与红树林之间形成了一种相互依赖的生态关系，对维护红树林生态系统的健康和多样性起着重要作用。因此，对鸟类的保护也是红树林保护工作中的重要一环。

护鸟队队长成长记

陈正平出生于儋州湾的新州镇，从小便在这片红树林里捞鱼抓虾，见证了大自然孕育的伟大生机，见证了红树林的美丽壮观，同时也见证了这片红树林面积渐渐缩减。陈正平在这里成长，对这片土地有着深厚的感情，深知红树林的重要性，面对这样的局面，他选择全身心投入保护曾经陪伴自己长大的红树林。

2010 年，陈正平正式成为新英湾红树林自然保护区的一名护林员。对他而言，看护这片红树林不仅是一份工作，更是一份使命。

儋州湾护鸟队　供图 / 儋州湾湿地护鸟队

他用脚步丈量着红树林生长的滩涂地，默默守护着这片美丽富饶的滨海湿地，每天不到红树林转转，心里就感觉不踏实。

2015 年，陈正平代表新英湾保护区参加在东寨港自然保护区举办的第三届海南观鸟赛。在比赛中，当看到观鸟人对鸟类的热爱和对鸟种辨识信手拈来时，他钦佩不已并因此对观鸟产生了兴趣。随后，儋州湾保护区得到全球环境基金（GEF）海南湿地保护体系项目的支持，基金为该保护区的护林员配备了双筒望远镜、变焦相机等装备，陈正平的观鸟愿望终于得以实现。从此之后，他的工作不仅仅是护林，护鸟也由此开始。

2019 年，阿拉善 SEE“任鸟飞”鸟类监测项目在儋州湾落地，陈正平成为项目中一名志愿巡护员，找鸟认鸟便成了他的每日必修课。在项目组的指引和帮助下，他系统地学习了鸟类监测技术，掌握了鸟类的辨识技能，短短几个月便把儋州湾滩涂上的鸻鹬类水鸟认了个遍，对各种鸻鹬类水鸟的行为习性日渐熟悉。这样一来，陈正平通过自己的不懈努力成长为儋州湾鸟类监测的主力军。

陈正平不仅好学，而且在巡护工作上毫不懈怠。微信群里常常看到他传出的好消息——“我在泮山村发现了白肩雕”“哇，我在田里发现了蓝胸鹑繁殖”“在盐田里看到了一小群黑脸琵鹭”……这一个个好消息让人激动万分！儋州湾也渐渐成了众多观鸟爱好者向往的观鸟胜地。

在巡护过程中，陈正平意识到仅靠几个护林员的力量不足以完成任务，便自发引导村民加入监测巡护队。2020 年 6 月，在海口畓禧湿地研究所的帮助和支持下，儋州湾湿地护鸟队成立，并于 2021 年 3 月获得海南省野生动物保护协会、儋州市自然资源和规划局的授旗，陈正平成为护鸟队队长。2021 年 6 月，护鸟队成功加入中国野生动物保护协会保护候鸟志愿者的“护飞行动”。就这样，这支队伍由开始的几人壮大到十几人，对鸟类的调查监测与保护工作成效也日益凸显。在他们的努力下，儋州湾记录的鸟种突破了 200 种，其中国家一级重点保护野生鸟类 8 种、国家二级重点保护野生鸟类 41 种、海南省省级重点保护鸟类 77 种。这些鸟类数据的整理，为新英湾红树林自然保护区的管理提供了重要的科学依据。

发现勺嘴鹬

新英盐场紧邻儋州湾红树林，是儋州湾一带最重要的水鸟高潮位栖息地。水鸟栖息的滩涂在涨潮时会被海水淹没，于是大群的鸻鹬类水鸟就会飞到这片宽广的盐田内停歇、觅食。

2020 年 2 月 1 日（农历正月初八）清早，虽然还在春节假期，并且新冠病毒闹得正凶，但陈正平还是照常到他的辖区巡护。当天潮位较高，在新英盐场，他发现有好几千只小型的鸻鹬类水鸟正扎

勺嘴鹬　供图 / 陈正平

堆觅食和休息。对于水鸟监测员来说，小型鹬类的识别是一个很大的挑战，但这难不倒陈正平。自从开展鸟类监测巡护以来，他已经在这里记录到了弯嘴滨鹬、红腹滨鹬、黑腹滨鹬、青脚滨鹬、长趾滨鹬、阔嘴鹬、三趾鹬、红颈滨鹬等多种小型鹬类，甚至还有海南罕见的尖尾滨鹬。

这一天例行搜索时，陈正平突然感觉鸟群里有点异样——在水边休息的一大群滨鹬中，他隐约察觉到其中有一只脸部稍显发白。他赶紧举起望远镜看，感觉那只鸟非常像勺嘴鹬，激动不已地想：天啊，难道运气就那么好，遇见日思夜想的勺嘴鹬了吗？！随后他便连忙拿出照相机，要把这一重大发现定格下来。陈正平伴随激动的心与颤抖的手按下快门后，突然发现不对劲——相机里居然没有存储卡！原来头天晚上整理完照片后，居然忘了把存储卡放回相机。于是他赶紧打电话叫朋友帮忙把存储卡送来，自己则留在原地继续观察。只可惜，待到潮水退去，鸟群也飞到海滩去了，存储卡并没有送到。陈正平内心满是遗憾，这么难得的机会就这样因一次偶然的粗心错失了，以后很有可能再也找不到勺嘴鹬了……

这种既兴奋又懊恼的感觉让陈正平心里特别难受，如鲠在喉，不吐不快。当天，他在微信群里吐槽道："如果我说，今天在新英盐田看到了勺嘴鹬，但因昨晚拿存储卡出来，忘了装回相机，所以拍不到照片，敢问谁相信？"

陈正平自此巧遇之后，便一直期盼能在自己的地盘上再次找到这种珍稀的小鸟，以便更好证明新英盐场和儋州湾湿地对水鸟保护的重要性。但是要在几千只小型鸻鹬类水鸟中找到勺嘴鹬谈何容易，因为它们的个头都非常小，并且小型鸻鹬都长得很像。特别是红颈滨鹬和勺嘴鹬，体形、羽色、习性和行为等都非常接近。如果不是从正面看到勺嘴鹬勺子一般的小嘴，是很难辨认的。所以，观鸟圈的人都知道，找勺嘴鹬只能靠运气。

这次巧遇勺嘴鹬的经历让陈正平的心情久久不能平复，他查了一下潮汐预报，发现第二天上午依旧是高潮位，在盐田还是有机会发现勺嘴鹬的。于是，他让妻子第二天早上 6 点叫他起床，简单吃过早餐后就直奔盐田，开始了寻找勺嘴鹬之旅。

晨光之下，数千只小型鸻鹬类水鸟散落在广袤的盐田上。陈正平只能从前一天发现勺嘴鹬的地方开始慢慢搜索，一步一步往前走，用望远镜排查每一只红颈滨鹬，识别里面每一个可能的目标。终于，在早上 8:20 的时候，他再次发现了那只脸部稍微发白的小家伙，还有它那张像汤勺一般的小嘴。陈正平这回没有再错过机会，除了照片以外，他还拍摄了几段视频。当天恰逢世界湿地日，当他把照片和视频发到微信群里时，大伙都觉得这就是献给世界湿地日最好的礼物。

观鸟的人都爱念叨一句话，“念念不忘，必有回响”。其实，鸟并不是因为你不停念叨就会来，你只有不断反复地寻找才能找到。正如陈正平找到勺嘴鹬，如果没有高超扎实的鸟类辨识功底，没有日复一日的监测巡查，又怎么能在世界湿地日找到这样一个大彩蛋呢？

经过连续 4 年监测，在儋州湾越冬的勺嘴鹬最多达到 6 只，儋州湾成为海南第一个已知的勺嘴鹬越冬地。勺嘴鹬作为明星鸟种，不但提高了保护区的知名度，让各方观鸟人慕名而来，而且反映了儋州湾在生态保护工作上取得的成效。

勺嘴鹬手绘作品　供图／叶炜

值得一提的是，2021 年 11 月 24 日，儋州湾记录到一只右脚有白色旗标，代号为“C2”的勺嘴鹬。它来自俄罗斯楚科奇，这是海南首次发现带有环志的勺嘴鹬。

失而复得的草鸮

历经 4 年发展，儋州护鸟队渐入佳境，不仅在记录鸟类方面成绩喜人，在救助方面也取得了不错的成绩。

2020 年 2 月 18 日，护鸟队在洋山村附近的草丛中发现了国家二级保护鸟类草鸮的巢穴，里面的两只亲鸟和四只幼崽正处在育雏期。为了保护它们，队员们每天过来巡护。

然而两天后，护鸟队发现尚不具备飞行能力的草鸮幼崽居然不见了！陈正平极度紧张，心想昨天都还好好的呀，会去哪里了呢？现在这些幼崽还不会飞，所以不可能是自己飞走的，于是他立马有个不好的预感——难道被附近的村民抓走了？他立即组织队员到周边村庄察访，并和村委会沟通，利用广播向村民宣传野生动物保护

延伸阅读 EXTENDED READING

草鸮 *Tyto longimembris*

别名猴面鹰、猴子鹰、白胸草鸮，是鸮形目草鸮科草鸮属的鸟类动物。它分布于中国云南及安徽以南各地，是罕见的留鸟及冬候鸟。主食鼠类和小型哺乳动物。产卵于密密的草丛和芦苇丛中。被列入《国家重点保护野生动物名录》，为二级保护动物。

国家二级保护鸟类草鸮 供图／任荣霞

相关的法规。经过几天的宣传教育，抓鸟的村民认识到自己的错误，主动将草鸮幼鸟放回了鸟巢。看到小草鸮安全归巢，陈正平那颗悬着的心终于放下了。

护鸟队接到的鸟类救助电话越来越多，有被鸟网网住的、有翅膀折断的、有被粘鼠板粘住的、有骨折的……只要收到求助，他们都竭尽所能去救助。

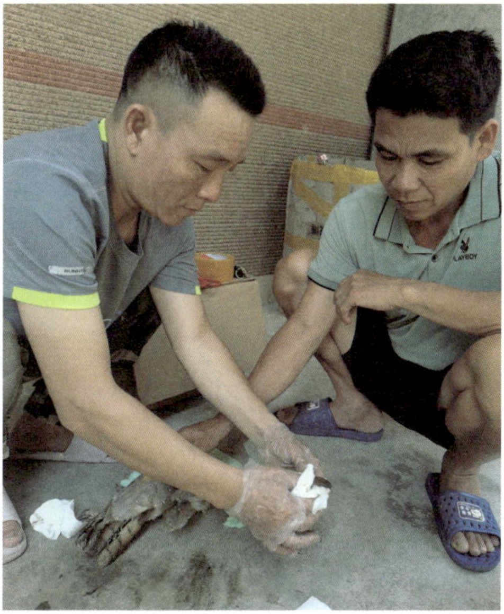
儋州湾护鸟队队员正在救助受伤的小鸟
供图 / 儋州湾湿地护鸟队

这些鸟有些能现场放生，有些则需带回家精心喂养几天才能放回野外，有些受伤严重的还要四处讨教救助专家，寻找最佳救助措施。护鸟队的救助工作得到了儋州市森林公安、林业主管部门的认可和支持。

社区宣传总动员

除了相关团队的保护，周边村民的生产生活也与滨海湿地息息相关，他们的一举一动对湿地有着极大的影响。因此，护鸟队在地方政府、国内基金会和环保组织的支持下，开展了形式多样的社区和校园宣传活动，使更多的社区居民和中小学生了解了身边的红树林、滨海湿地和水鸟，对当地的生态保护起到了良好的带动作用。

2023年3月，在白马井镇禾能小学举办的爱鸟周活动上，护鸟队队员们顶着炎炎烈日，在人群中给孩子们耐心解说展板上的科普内容，引领孩子们玩鸟类主题游戏，让孩子们知道有许多珍稀物种就生活在身边的滩涂上。比如，摄影大师们争相追逐的极危物种勺嘴鹬全球只有数百只，远道而来的濒危物种黑脸琵鹭每年都会在儋州湾越冬，等等，它们都需要大家一起爱护。

儋州湾护鸟队向小学生宣传如何护鸟
供图 / 儋州湾湿地护鸟队

儋州湾护鸟队进入学校向孩子们宣传护鸟的意义　供图／儋州湾湿地护鸟队

护鸟队还时常号召村干部动员村民积极参与宣传活动，队员们则分组挨家挨户宣传鸟类知识和相关法律法规。通过护鸟队的耐心解说，村民们对儋州湾的鸟类资源有了初步认识，知道褐翅鸦鹃是国家二级重点保护动物，村后的滩涂是水鸟的大食堂……同时，村民们意识到，随手乱扔的每一片垃圾，都有可能伤害来到这里的水鸟。此外，护鸟队队员们还经常在滩涂上跟赶海的村民聊天，讲一些过度捕捞带来的伤害，说明人类只有和大自然和谐共生，才可以常年收获大海赠予的海产品。

儋州湾不仅有充足的食物，而且有足够安全的栖息环境，对儋州湾的保护，仅靠护鸟队的力量是不够的，需要所有人勠力同心、携手同行，共同守护这片大自然的美好家园。

儋州湾护鸟队在社区进行宣传　供图／儋州湾湿地护鸟队

破茧而出的期待

除了日常的巡护监测和社区宣传，护鸟队还积极响应上级部门的号召，努力参与红树林湿地修复工作。难能可贵的是，在此过程中，护鸟队发挥了监督的作用。

2020 年，地方主管部门大力开展红树林修复工作，拟将新英盐田湿地全部改造为红树林湿地。护鸟队及时主动和相关部门联络，积极沟通，强调新英盐田作为水鸟高潮位栖息地的重要性，请求保留一定面积的盐田，以供水鸟觅食和栖息。经过一番努力，最终相关部门采纳了建议，调整了修复方案。

2021 年，儋州湾生态修复项目开展围堰作业，因排水口太小，大量红树林长时间浸泡在水中。经护鸟队的沟通协调，施工单位增大开口，保障了海水的自然连通。

在各方的努力下，儋州湾保护工作取得了有目共睹的成效，红树茂盛，鸟儿翔集。但不可否认，在保护过程中，还有很多难以解决的困难。

陈正平深知，护鸟队队员虽然增多了，但大家都是兼职的志愿者，能全身心投入工作的人并不多。另外，队员们的文化程度普遍不高，虽然有高涨的热情，但缺乏相关知识，特别是法律法规常识远远不够。为了让队友们尽快成长起来，陈正平除了督促队友们加强自身学习外，还带着队友们走出儋州湾到其他保护地学习，参与调查巡护，向其他地区的护鸟队取经，交流如何做社区宣传、红外相机监测等。

陈正平最头痛的是滩涂上难以清除的垃圾。儋州湾周边的村落众多，赶海的村民多，这就导致岸边、滩涂上的生活垃圾也多。比如，村民把刷完油漆的油漆桶随手丢在滩涂上，非常难以清理。这些垃圾对生态环境造成了很大破坏，对鸟类的生命安全产生了极大威胁。陈正平还发现，有些村民“上有政策下有对策”，养殖泥虫（弓形革囊星虫）的时候采用了一种蚕食的方式，虽然一年砍一两棵树不容易被发现，但是长年累月下来红树林遭到了很大的破坏。

如今，儋州湾越冬水鸟的数量逐年稳步上升，护鸟队发现，在高潮位时，仍有很多水鸟选择在养殖塘的塘坝上停歇。来来往往的人们常常惊扰到水鸟，给它们带来不小困扰。因此，陈正平希望营造一个足够大的高潮位栖息地，让水鸟们有个安稳且不被打扰的居所。

守护这片美丽富饶的儋州湾，除了护鸟队的坚守，更需要政策和资金支持、社会组织的指导和陪伴，以及社区居民的热情支持。虽然这里有着天赐的生态环境，但是这样脆弱的土地更需要多方共同努力来呵护，从而更好地解决保护与发展中的困难和问题，进而更好地推动可持续的保护。

本文原创者

任荣霞

海口畓麓湿地研究所财务主管。有六年的观鸟经验，经常参加鸟类调查监测工作，多次组织鸟类导赏活动和自然科普教育活动。

DISCOVER THE BEAUTY OF HUIWEN

04 发现会文之美

海天之间最温柔

当看到会文湿地的全貌时，没有人不为之震惊。

会文湿地实际是一个民间概念，通常指海南省文昌市迈榜村到冯家湾一带的滨海湿地，长约 15 公里，宽 1~4 公里。海南岛长夏无冬，年平均气温在 23 摄氏度左右，包裹着 45 平方公里的会文湿地，使其成为一片温暖的滩涂。

会文湿地的海岸线风貌 供图 / 冯尔辉

它是复合的。它涵盖了热带滨海的主要生态类型，其中最具特色的是发育良好的红树林、海草床和珊瑚礁呈带状套叠分布，依次向海延伸，这在国内滨海并不多见，因此它也有着“教科书式的热带海岸”之称。

它也是多样的。生境的多样性涵养了极高的生物多样性。它是中国原始红树植物最丰富的地区，有 35 个红树植物物种，约占中国所有红树植物物种的 90%。另外，它周围海域内有高度发达的岸基珊瑚礁盘，这里的珊瑚礁盘有可能是中国近海发育得最好的珊瑚礁盘。不仅如此，这里海草种类也极为丰富，共记录 6 种，是海南岛海草种类最为丰富的地区之一。

它还是美妙的。茂密的红树林给大量生物提供了保护，给这片海域带来生机。红树林厚厚的淤泥底质下，是底栖生物的天堂，它们相生相依间也吸引着各种鸟类前来觅食。往外走，是海草床与珊瑚礁，海草床如同海中的草原，茂盛的植被同样是许多生物的绝佳栖息地；珊瑚礁则生长在海水更深处，是海洋中的“热带雨林”，生物多样性最为丰富。无数生命在这片美妙富饶的天地中绽放……

会文湿地的复合与多样，很好地证明了自然里的一切是如何相互关联的。

当陆地径流与海水交汇时，红树林、海草床、珊瑚礁的依存关系尽显。红树植物根系发达，对陆地径流带来的丰富营养物质进行吸收、过滤、沉淀，从而使水质在到达海草床前得到净化，进而极大改善了海草的生存环境。当海浪来势汹汹时，海草便成为红树林的“盾牌”，它们强壮的根茎可抓紧附着的泥沙，从而削弱海浪对红树林的冲击力，很好地保护了红树林，增强了红树林对环境的适应性。珊瑚礁具有防波堤功能，它们是海浪能量的缓冲区，保护着红树林和海草床免于被凶猛的海浪破坏。珊瑚礁非常依赖干净且透明度高的水质，因此红树林与海草床的过滤作用必不可少。这一切完美演绎了生物之间美好的关联性，它们如同一个环环相扣的集体，互相依赖，缺一不可，展现了海天之间最温柔的景象。

迟来的呵护

随着人类社会的发展，会文镇得天独厚的海洋资源与环境同样成为人类获得经济发展的依靠，导致湿地原来的生态平衡遭到破坏，会文镇一带的海水养殖业等人为活动使湿地面临较大威胁。

养殖取水开凿的水槽在滩涂上交错纵横，肆意破坏着滩涂和海草床。据介绍，会文镇冯家湾“虾苗谷”最早起源于1986年，当时的养殖品种主要是斑节对虾。1997年，南美白对虾开始替代斑节对虾成为养殖主要品种并快速发展起来。2000年，高位池养殖兴起，和养虾同步发展的还有石斑鱼育苗，高位池养殖规模的扩大也加剧了海水养殖的污染。2008年后，东风螺养殖开始发展，目前东风螺和东星斑是冯家湾区域主要工厂化养殖品种，虾苗和石斑鱼苗产业已让步于东风螺和东星斑工厂化养殖。

会文湿地的环境一度在水产养殖业的迅猛发展与不断迭代下，承受了沉重的负担。养殖尾水的排放造成湿地富营养化，使得红树林、海草床和珊瑚礁生态系统退化。还有一些不可持续的资源利用方式，使这片美丽的湿地伤痕累累。除了对湿地本身的严重破坏，鸟类作为红树林生态系统重要的一环也受到很大影响。当人类意识到湿地退化、明白生态破坏的严重性时，随之而来的便是这份迟来的呵护。

当海南观鸟会等伙伴因越冬水鸟调查第一次踏足这里，被其丰富、多元所震惊的同时，也为其重要性和价值关注度不足而忧虑。

2017 年初，阿拉善 SEE 基金会“任鸟飞”民间保护网络项目书开始征集，海南观鸟会联合 UNDP-GEF 海南湿地保护体系项目申请了“海南文昌会文湿地调查及保护”，获得“任鸟飞”项目组的认可和支持，这一支持就是 7 年，海南观鸟会关于会文的故事一直持续到现在。

海南文昌会文湿地调查及保护项目培训会在海口召开　供图 / 海南观鸟会

会文湿地这一颗被遗忘的明珠，终于被人迟迟拾起。“我们想通过开展会文湿地的鸟类调查和巡护、水质调查、底栖调查和海草床调查，提高公众和政府对会文湿地重要性和价值的认识；通过开展社区走访调查，了解当地社区养殖的现状，提高公众、社区和政府对当地的认识，促进形成保护合力。”会文湿地的保护帷幕由此拉开。

连接人与自然

“历经千山万水之后，海南观鸟会终于找到了梦寐以求的归宿。过客的心情就此终结，我们站在家园踏实的土地上，突然觉得海南不再是一个孤岛，不再是一片随时都可能随风飘荡的找不到方向的浮萍。”2015 年，海南观鸟会成立时，发起人之一，现任畓榃湿地研究所所长卢刚动情地说道。这也奠定了海南观鸟会的初衷——让保护者不独行。

海南观鸟会选择了邀请“公民科学家”参与各项调查与研究。2017 年 5 月，海南观鸟会发出了第一篇关于公民科学家的招募，同年 6 月正式开始第一次调查。“自然保护，需要许多人的第一步”，这是一位没有任何经验的新公民科学家西瓜发出的感慨。

通过培训，西瓜加入了鸟类调查小组，通过观察来收集鸟类的数据。“很难用文字分享，当望远镜里出现一只你从未仔细观察过的生物时的激动。”通过每月一次的调查，西瓜对这片湿地渐渐有了情感，开始对路途景色感到熟悉，对滩涂的气息感到亲切，对村民们迎面的问候与微笑感到喜悦。

延伸阅读

EXTENDED READING

『公民科学家』指的是招募大量的业余科学爱好者，通过各种形式参与科研行动，并对科研结果有所贡献。与传统的、单向度的科普相比，公民科学家可以参与实际的科研过程，这也有助于人们真正理解科学及保护的意义。

观鸟会的队员们正在进行鸟类调查　供图／吴淑邦

观鸟会的队员们正在进行鸟类调查　供图／吴淑邦

在会文湿地开展工作期间，海南观鸟会也一直联合当地保护区开展监测和保护工作，从而提高保护区自身的监测能力。在此契机下，会文林业护林员吕诗阳接触到公民科学鸟类调查项目，慢慢对观鸟有了兴趣，闲暇时间总喜欢去海边溜达，逐渐从不熟悉到认识并熟悉各种鸟类。

观鸟会会员在滩涂拍摄的照片　供图 / 杨川

会文南兴村有一座观鸟屋，长长的观鸟栈道悬浮在红树林间，从屋内窗户往外看，如同一幅缓缓舒展的画卷，海天相映，看不到边界，赶海的人、渔船等在画面中错落有致地排列，水鸟则让画面有了灵动感。这里也是鸟类调查项目监测点之一。

会文湿地的白鹭　供图 / 冯尔辉

观鸟屋前的白鹭 供图 / 雨燕

2019 年 1 月，吕诗阳在这里首次监测到三只小青脚鹬，往年每次都只有一只。那天工作回来吃过饭闲下来时，他便想到海边的鸟儿们，想着想着便拿起相机到海边拍鸟，就是这股冲动，让吕诗阳幸运地遇到了三只小青脚鹬。

由于栖息地被破坏等，目前我国小青脚鹬的数量急剧下降，2023 年被列入国家一级保护动物，并被列入世界自然保护联盟（IUCN）红色名录濒危级（EN）的受胁物种。估计全球总的种群数量在 1000 只以下。它们性情胆小且机警，稍有惊动即刻起飞。“没想到这次能拍到三只小青脚鹬，其实我之前只听大家说过，从没真正见过它们。”观鸟、拍鸟给吕诗阳带来了无限乐趣。

延伸阅读
EXTENDED READING

小青脚鹬

Tringa guttifer

鹬科鹬属。全长约30厘米。上体黑褐色，羽缘灰色，次级飞羽灰，下背和尾上覆羽白，后者具少许窄的黑色横斑。下背和尾像夏羽。额、头的两侧和整个下体白。

小青脚鹬　供图／杨川

在海南观鸟会的带动下，2021年8月21日，吕诗阳组织会文的观鸟爱好者开展了“会文爱鸟公益行”，每期都吸引不少志愿者和爱好者加入观鸟、护鸟、爱鸟的队伍。

灰尾漂鹬在海面上飞翔　供图／冯尔辉

除鸟类调查外，会文湿地调查保护项目还包括底栖动物调查、社区走访、海草床调查、水质调查，其中海草床的监测尤为重要。

调查人员在进行海草监测 供图 / 程成

目前，会文湿地的海草床正处于衰退期，曾经的海底草原已经变成块状零散分布，令人痛心。海草是一种长在海里的开花植物，与“明星物种”红树林、珊瑚相比，就像一个“小透明”，默默生长在海里，发挥自己固碳、育幼场的功能。

“我以为海草床会像纪录片里那样，成片成片密密麻麻的海草随波浪起伏。实际看到后不禁有些失望，海草矮矮小小的、脏脏的，蜷缩在海水里。我们一靠近，踏起的淤泥搅得海水一片脏污，就完全看不到它们的身影了。”这是一名叫林林的小学生参与会文海草床调查时的感想。跟着海南海洋与渔业科学院的科学家等专业人员完成监测后，林林说：“我不喜欢这样的海水和海草。希望将来海草和它们生活的环境会越来越好！”这也正是公民科学的意义，在幼小的心灵里种下对自然保护与敬畏的种子，某天或将长成参天大树。

在最近的一次调查中，大家发现有些海菖蒲已经变黄腐烂，还有一些海菖蒲虽然没有变黄，但情况也不容乐观。由于海洋污染导致海水浑浊，草体被海洋碎屑物质、藻类等包裹，这些物质的附着使得海草不能正常进行光合作用，进而影响海草的生长。要让海草床重获生机，需要更全面、更有效的保护行动。

会文湿地的海草床　供图／卢刚

在贝弗利·施瓦茨撰写的《涟漪效应》一书中有这样一句话，“有的人看着变化发生，有的人问，发生了什么？有的人问，真的发生了吗？有的人甚至没有注意到发生了变化。有的人却促成了变化。”或许，我们都能“促成变化”的发生……

延伸阅读

会文湿地海草种类及监测

会文湿地海草种类很丰富，且分布较为集中，共发现3科6属6种海草植物，占海南岛海草种类的60%。在发现会文湿地海草床面临的潜在威胁后，从2019年开始，在SEE任鸟飞项目和质兰基金会等多家基金会的支持下，海南海洋与渔业科学院、海南观鸟会、松鼠学堂共同发起和执行了海南海草床公民科学项目，汇编了《海草床公民科学监测指南》。在多名志愿者的支持下，在海南会文地区进行每年两次的海草公民科学监测活动。

保护没有终点

2018 年 3 月，经过近一年的持续监测，文昌会文湿地资源“家底”首次公布，《海南文昌会文湿地调查报告》将会文湿地的真实情况第一次完整呈现在公众面前。这是一份由“公民科学家”采集数据，专家汇总、分析形成的报告。红树林里的物种有多少？海草床的生长情况怎么样？哪些水鸟会来过冬？这份报告给出了详尽解答。

“会文湿地具有特殊的保护价值，此次调查项目及发布的调查报告对深入系统认识会文湿地资源大有裨益，也为下一步保护等工作提供新的参考方向。”文昌市政府有关负责人表示。

2022 年 12 月，海南海洋与渔业科学研究院、海南观鸟会、海南松鼠学堂和德国莱布尼茨热带海洋中心在国际学术期刊 *Ocean and Coastal Management* 上联合发表学术文章《公民科学在支持海岸线研究和管理中的意义：以海南海草床监测为例》(“Citizen science to support coastal research and management：insights from a seagrass monitoring case study in Hainan，China”)，该文探究了“小而美”的公民科学项目如何产生更大的社会影响力。

项目结果显示，即使是小的公民科学项目，也可以很好地促进公众参与，并且它为促进学术机构和民间社会组织之间的合作提供了一座桥梁。此外，该项目也挑战了关于公民科学家作为学术研究者和志愿者之间关系的主流观点，强调了民间社会组织在其中的积极作用。

生态保护工作是复杂的，涉及自然、社会、民生、环保等方方面面，在对各个组成部分有着清晰了解的同时，需要统筹、协调各个部分，促成新的平衡。那么，普通个体该怎样参与保护工作呢？或许没有人能给出明确回答。“唯有了解才会关心，唯有关心才会行动，唯有行动，生命才有希望。”

该如何让公众了解呢？广泛多样的公众传播即是手段之一。会文湿地也借此迎来了更多的关注者，比如，海南省文化艺术学校画家一行，曾到会文湿地采风写生，之后以湿地和鸟类为主题创作了48幅作品，用于公益展览；再如，无数场以鸟类、珊瑚、海草、湿地为主题的公益讲座，走进村里的小学，也走进城市公共空间；又如，借助直播，让更多人窥见会文湿地的魅力。

会文的故事还在继续，从数年前的默默无闻到现已成为海南湿地保护的热门地点，人们开始在这里探索发展与保护的平衡、社区与自然的关系、资源的可持续利用等。水产养殖行业带来的近岸水质恶化、海岸线景观破坏、水产病害频发、产业退化等问题也引起政府重视，为此，2018年，当地正式提出由政府牵头建设冯家湾现代化渔业产业园。2020年7月，产业园发展进入正轨并加紧建设。

2023 年 4 月，会文湿地又传来好消息，吕诗阳发现了一只灰瓣蹼鹬，这是会文有观鸟记录以来的首次发现。时间能表达一切，数据能表达一切，这即是保护工作中长久监测所产生的意义，会文的保护没有终点。

或许终将有一天，我们将迎来更加富有生机的会文湿地，所有的生物自在生活，生生不息。

本文原创者

夏丹

海南观鸟会会员，前记者以及环保公益行业从业者，曾就职于《新京报》、自然之友等，长期关注各类环境议题。

LOOKING-GLASS MANGROVE FOREST IN BAGUANG 05

坝光有片银叶树

认识银叶树

2023年6月4日，一个再普通不过的周日，居住在深圳市福田区的欧薇七点半出门，像往常一样驾车前往那个她去了上千次的地方——深圳的最东部——大鹏新区的坝光。

坝光位于大鹏半岛的东北部，三面环山，一面向海，是深圳山、海、林、河生态资源最丰富、最密集、保存最完整的地方。欧薇在高速公路上开到临近坝光高速出口时，习惯性地从东南方向眺望远方，从这里可以看到坝光湾的全貌——一块9.46平方公里的美丽土地，远处的大亚湾海滨，有着400年历史的盐灶古村，以及盐灶古村的那片神秘的银叶树林。

银叶树和大海　供图／坝光自然学校

银叶树（*Heritiera littoralis*）是一种较常见的红树植物，具有耐盐性强、适应潮汐涨落的特性，它的根系能够在泥滩中扎根，抵抗盐分，同时提供栖息地和食物资源给各种野生动植物，如螃蟹和鸟类。另外，银叶树还有助于保护沿海地区免受海岸侵蚀的影响。

银叶树通过吸收盐分和提供栖息地，维护了红树林生态系统的稳定性，同时为其他生物提供了食物。这种互动使银叶树与红树林之间形成了密切的生态联系。

524 年的银叶树　供图 / 坝光自然学校

坝光盐灶古村旁，分布着全国乃至全世界最完整、树龄最长的天然古银叶树群落，其中最老的一株已经有 524 年树龄。下高速公路 10 分钟后，便是坝光银叶树湿地园。坝光银叶树湿地园建设是深圳市政府 2014 年的重点工作，湿地园按照“生态为重、保护优先、世界水平、国际一流”的标准打造，总占地面积 96 公顷，包括银叶树林、盐灶古村和对周边起缓冲作用的基围鱼塘。

坝光自然教育体验行

欧薇停好车，穿过湿地园内的一条道路来到坝光小屋。坝光小屋是盐灶古村里一栋两层楼的老房子，也是坝光自然学校在银叶树湿地园的根据地，欧薇则是这所学校的副校长。坝光自然学校是大鹏新区重点区域建设发展中心 2020 年创建的一个生态文明项目，3 年来，自然学校通过招募和培养志愿者讲师，开展长期的生物多样性和红树林生态系统的保护、监测、公众参与和教育等活动，希望建立人和自然的链接，重建人与自然和谐共生的关系。

这一天是自然学校 2023 届新一批志愿者第二次室外培训课程，欧薇走进小屋二楼的培训教室时，已经有二十几个志愿者在教室里等候，他们一大早从深圳市各个区赶来参加培训，饶有兴致地讨论

坝光自然学校志愿者 供图 / 坝光自然学校

上次培训学到的红树林知识，热切地交流着作业的完成情况，不时爆发出畅快的笑声。彼时，主讲老师马海鹏已经到了，他一边吃早餐一边准备当天要讲的红树林课程。

马海鹏老师是深圳市环保领域的知名人士，有着 10 余年的红树林保护和海洋保护从业经历，是坝光自然学校的荣誉副校长。3 年前，马海鹏老师在深圳市蓝色海洋保护协会任秘书长，那时欧薇负责单位的项目策划工作，正在为策划项目做新的尝试，两人在某个偶然的场合结识。因为在环保和自然教育方面有颇多共识，于是欧薇邀请马海鹏老师一同行走坝光。两人用3个月的时间共同走遍坝光的山山水水，然后决定共同创建坝光自然学校。

马海鹏老师为市民讲解红树林科普知识
供图 / 坝光自然学校

大鹏新区坝光开发署（原大鹏新区重点区域建设发展中心）联合深圳市蓝色海洋保护协会，投入大量的资源和精力，成立了坝光自然学校，由副署长李雪梅担任自然学校校长，打造了山、海、河3条精品郊野路线，自主研发和开设了红树林等4类系列课程，并入选生态环境部宣传教育中心自然学校能力建设项目第五批自然学校试点。同年，自然学校推出了品牌活动——“红树宝宝认养计划”，通过组织同学们认养红树宝宝、在家中观察和记录、到坝光实地种植和参加红树林科普活动，系统全面地培养了孩子们的观察和动手能力，使他们在体验中提升了红树林保护和生态环境保护的理念和意识。

上午9点，志愿者们陆陆续续到齐了，马海鹏老师开始带领志愿者们沿着一条海边的石板路观察生长在海边的红树林。这里主要生长着秋茄、白骨壤两种红树植物。这里的秋茄都是人工种植的，分布得十分规整，而且靠海的一侧用绳索围了起来。

此时，有几位志愿者正在滩涂上刨土，并把秋茄的树苗种植在挖出来的坑里。马海鹏老师走过去热情地和一位身着有“绿源”字样 T 恤的中年男士打招呼。“李老师，您又过来培育秋茄宝宝了？”这位男士名叫李正军，是深圳市绿源环保志愿者协会海岸带红树林保育工作站的站长，他正弯腰清理沙滩上的海藻和秋茄上的藤壶。以他 10 年来种植秋茄幼苗的经验，这样的方法可以提高秋茄幼苗的成活率。

坝光自然学校志愿者　供图／坝光自然学校

听到问话，挥汗如雨的李正军直起身来，阳光从身后照耀着他高大且有些驼背的身躯，他黝黑的脸上绽放出明亮的笑容，一如 10 年前一样。不同的是，他的腿脚不复当年的矫健，灰白的发色也增添了些许岁月的风霜，他所带领的绿源志愿者服务队也由最初的 7

人种树小队发展成为拥有几十人的大型公益组织。

李正军把身边一位正在认真刨土的八九岁小女孩拽起来说：“囡囡，叫马老师！”转而又对马老师骄傲地说：“这是我孙女，我们绿源最小的志愿者！这可是咱们红树林保护的绿二代啊！”说完，李正军爽朗地大笑起来。

李正军和孙女一起播种秋茄胚轴
供图 / 坝光自然学校

走过海边的红树林，马海鹏老师带领大家来到了海岸线的潮间带，海岸线上的海葵、藤壶、龟足、石莼等潮间带生物十分丰富，种类达 180 种之多。由于当天是阴雨天气，志愿者们惊喜地发现里氏石磺都出来遛弯了，滩涂上留下一条条醒目的“粑粑线”。马海鹏老师告诉大家，下周的潮间带课程将邀请刘毅老师来讲课，大家听后一片欢呼雀跃。

刘毅老师是红树林和潮间带科普届的大咖“网红”，自 2001 年至今一直开展红树林生态系统研究和民间保育工作，已经有 20 多年了。他创建的中国红树林保育联盟从 2009 年到 2011 年在坝光开展了两年多的保育工作，包括首次生物多样性本底调查和古银叶树资源摸底调查、社会志愿者团队的组建和能力提升。2020 年，刘

刘毅老师组织“儿童友好海岸带穿越线”活动
供图 / 坝光自然学校

毅老师组织了坝光自然学校的第一场线下活动——“儿童友好海岸带穿越线”，带领孩子们穿越礁石和红树林交错分布的海岸线，领略沙滩、淤泥质海岸、红色礁岩及其海蚀地貌、黑色礁岩海蚀地貌，大海、远山、红树林和孩子的欢笑声共同构成天然和谐的画面。2020—2022 年，越来越多的市民来到坝光海滩“亲海”，坝光海岸线因蜂拥而至的人群变成了热闹的网红打卡地，再也难见它那份独特的孤独和静谧。

盐灶村的银叶树

穿过海岸线，走进盐灶古村，村里有一片珍稀的古银叶树林，它已经默默地蓬勃生长了几个世纪。坝光盐灶村位于大亚湾海滨，背山面海，于清雍正年间立村，是一个风光旖旎的古村落。这个小渔村至今已有 300 多年历史。

盐灶村有蓝、周、谢、文、陈、林、刘、江八个姓氏，大部分为清朝康熙八年第四次客家大迁徙“迁海、复界”后从粤东招垦而来的客家人。八姓氏族人祖祖辈辈和谐相处，银叶树成为盐灶村的“风水林”，村民尊重、爱惜和保护着银叶树林。20 世纪 50 年代人民公社时期，盐灶村分三个生产队，共 400 余人，其中蓝、周约占其半，村民们经常在树下纳凉、议事，并自发开展保护银叶树活动。

盐灶村的古银叶树林，是我国目前发现的最古老、现存面积最大、保存最完整的银叶树群落，面积约为 2 公顷。林内成年银叶树占全国银叶树总量的 2/3，总数量超 1500 株，银叶树群落中树龄 100 年以上的有 55 株，200 年以上的有 32 株，还有一株树龄 524 年的一级古树。银叶树林林相完整，树冠浓密整齐，植株高大，最高可达 20 米，树干挺直，胸径一般在 80 厘米以上，最大的有 130 厘米，板根特别发达，最大的板根高达 2 米，延伸至 2~3 米远，形态奇异，实属罕见的植物形态，这个村落和植物的自然景观是深圳最珍贵的生态和文化遗产之一。

马海鹏老师带大家走到一棵15米高的银叶树前，这是一棵生长了10年左右的年轻银叶树。志愿者们有些纳闷："这棵树有什么特别呢？"马海鹏老师微微一笑，说："你们知道为什么这片银叶树会被划入自然保护区吗？银叶树湿地园是为什么而建起来的呢？"原来这是坝光自然学校的另外一位荣誉副校长周炜老师亲手种下的银叶树。

银叶树的板状根系　供图／坝光自然学校

十几年前，周炜老师乘汽车越过蜿蜒曲折的山路来到这个渔村，那时路很窄，只能通过一辆车。小渔村是清一色的砖瓦结构民居，村民们悠闲地在门前补网，鸡鸭猫狗“闲庭信步”，充满和谐。

那是一个阴雨天，当他独自走进渔村后面的小山坡，一下子被眼前的景色惊呆了。巨大的林木遮天蔽日，特殊的板根形态奇异，长出地面半人高。林中弥漫着雾气。由于海水刚刚退去，地面特别潮湿，脚下数不清的绿色小螃蟹四下出没，仿佛身在原始森林，恍如隔世。有一棵特别粗大的古树一下子吸引了周炜老师，它的树干在接近地面的地方形成了一个树洞，他进到树洞里坐了下来，这里能遮风避雨，也勾起他童年的梦境。

周炜老师种下的第一颗银叶树果实
供图／坝光自然学校

2003 年 9 月 8 日，“杜鹃”台风给深圳的海岸带来了狂风暴雨，这棵树被刮倒了，周炜老师那一刻意识到必须为这片树林做点什么。从那个银叶树干折断的日子起，他和志同道合的朋友们集体开始了力所能及的行动——拍图片、拍影像、办展览，通过各类媒体扩大宣传，使更多人知道银叶树需要人的爱护。他们向深圳市人大提出保护提案，推动了自然保护区的成立，保护措施逐步得到落实。

2006年，周炜老师和他的小伙伴们成立了深圳市蓝色海洋志愿者保护协会，有了自己的环保公益组织。随着银叶树的声名远播，游客日渐增多，好在围绕树林一周的观光栈道已经建成，有效防止了游人的人为破坏。同时，村委会也派出专门保护银叶树林的人员，登记游客，管理林木。更重要的是，周炜老师挑拣大树下面颗粒饱满的果实，尝试去海滨荒芜的地方人工种植。他和父母、朋友及他们的下一代在海边亲手种下的银叶树已经长出了几批，银叶树爷爷身边多了一些银叶树爸爸、银叶树宝宝。

种树人合影　供图／坝光自然学校

坝光的理想和银叶树林的呼唤

志愿者们听了这个故事后若有所思，今天的培训也结束了，大家慢慢走回了坝光小屋。欧薇在小屋等候着大家。她拿出一颗成熟了的银叶树果实，向志愿者介绍了坝光自然学校新推出的品牌活动——银叶树保育计划。

志愿者们听了这个银叶树保育计划，立刻七嘴八舌地发表各自的意见。例如，保育计划应该分为古树群保育和银叶树科普两大部分，应该在银叶树湿地园内建立苗圃区和生态修复区，将教育、种植与最终的生态保育融为一体，以行动代替教育，化被动教育为主动学习，充分调动市民参与物种保育的积极性，将生态保育行动变成一种生活方式。此外，还应该和大、中、小学等学校联合开展活动，借助互联网手段，通过开发小程序记录种植全过程，在互联网公益峰会上将它推向全国，在深圳建设国际红树林中心的契机下，在国际红树林保护论坛上让它走向世界……

欧薇微笑地看着大家热烈而忘我的讨论，心想：有了你们，这所有的一切一定都会实现。她转头望向窗外，窗外的银叶树树叶光影斑驳，沙沙作响，树上的果实随风而动，仿佛在无言地述说几个世纪以来盐灶人和一棵棵古树、一栋栋宗祠民居、一艘艘风帆渔船、一把把锄头镰刀的一个个美丽动人的故事。

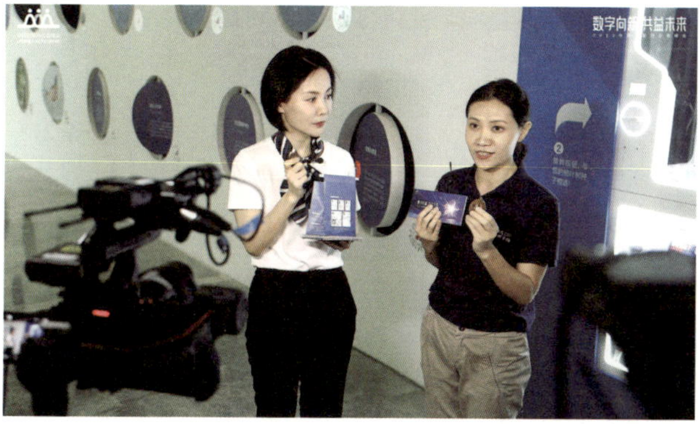

欧薇老师在腾讯公益峰会上推介银叶树保育计划　供图 / 坝光自然学校

此刻，我们亲爱的银叶树，你在述说什么？你是在欢迎新朋友的到来吗？欧薇陷入了沉思：到底是我选择了银叶树，还是银叶树选择了我？我心中的银叶树，承蒙厚爱，我想继续把你的故事讲下去……

银叶树保育计划

延伸阅读

是坝光自然学校2022年新的运营团队潜爱大鹏（深圳市大鹏新区珊瑚保育志愿联合会）加入后提出的，潜爱大鹏是大鹏新区管委会和『磨坊』网共同发起的活动，致力于珊瑚礁生物多样性监测和维护，通过宣传珊瑚保育理念，改善公众对待海洋的方式，为珊瑚礁恢复创造有利条件。潜爱大鹏的秘书长王晓勇和项目运营官熊玉的加入让自然学校焕发了更大的活力和生命力，经过欧薇、马海鹏、王晓勇和熊玉4人团队的碰撞，坝光自然学校推出红树宝宝认养计划的2.0版本——银叶树宝宝的保育计划。

本文原创者

欧薇

深圳市大鹏新区坝光自然学校副校长，负责统筹坝光自然学校的推进和管理，持续推动公众科普教育工作。致力于将坝光自然学校打造为自然教育领域一个独具特色的开放式自然教育平台，进而建立一种公众教育的新模式。

SHARE THE BLUE SKY AND SEA 06

同在蓝天碧海间

广西北仑河口国家级自然保护区珍珠湾红树林湿地　供图／苏搏

防城港市港口区渔洲坪红树林湿地　供图／苏搏

广西北仑河口国家级自然保护区平江口红树林湿地　供图 / 苏搏

广西防城港是中国大陆海岸线最西南端的一个地级市，绵延的海岸线造就了丰富多样、秀丽神奇的海滨风光。这里有丰富的红树林资源，拥有全国最大、最典型的海湾红树林，被联合国环境规划署批准列入中国第一、全球三大 GEF（全球环境基金）红树林国际示范区。全市红树林面积 2016.24 公顷，保护区红树林面积 1012.25 公顷，有红树林树种 18 种，涵盖了广西所有原生红树林树种。红树林湿地生物多样性丰富，退潮后露出广袤的滩涂，滩涂里有着丰富的海洋底栖生物，为鸟类迅速繁殖、生长创造了优越的生态环境。这里是鸟类的天堂，是东亚—澳大利西亚候鸟迁徙路线的重要通道和水鸟栖息地，每年有超过 10 万只水鸟在这里停歇补充能量或在此越冬，珍稀鸟种勺嘴鹬、黑脸琵鹭、小青脚鹬、彩鹮、大天鹅、紫水鸡、白眉田鸡都到这里旅行。这里是中国白鹭之乡，多达30万只白鹭在这片丰饶的土地上羽翼翩跹，这些绰约多姿的精灵是防城港人心中的吉祥鸟，陈子成老人、黄枢余老人、许新邦老人爱鹭护鹭的故事广为流传，边境护鸟人波哥的故事也广为人知。他们的故事都离不开这一片红树林，离不开红树林上空飞翔的鸟类。

“万鹤山”护鹭人陈子成

防城港市东兴市江平镇巫头村“万鹤山”护鹭老人陈子成的护鹭故事在当地广为流传。

巫头“万鹤山”在北仑河口自然保护区红树林边缘，是广西北部湾畔著名的3座万鹭山之一，面积100多亩，到这里安家落户的白鹭多时有将近5万只。主要有大白鹭、中白鹭、白鹭、池鹭和牛背鹭这5个种类，其中以白鹭最多。在白鹭繁殖的季节，万鸟归巢的景象很壮观，树林上雪白一片，还不时传来“噼噼啪啪”的声音。

“万鹤山”树林里筑巢的白鹭　供图／苏搏

陈子成原住在“万鹤山”林里，家门前就有一大片红树林，退潮后滩涂上有许多白鹭来觅食。1958 年春天，有 4 只白鹭在他家房子前面的竹丛上筑巢。他父亲陈其振就叮嘱子孙：“白鹭是吉祥鸟，千万不要伤害它们。”后来，越来越多的白鹭来到他家房前屋后的树林和竹林里筑巢安家。为了不惊扰白鹭，他们决定搬家，把“万鹤山”让给白鹭们居住。

鸟多了，也引来了众多人的关注。时常会有附近村的孩子们偷偷溜进“万鹤山”爬树掏鸟蛋，或者是用橡胶石头枪打鸟。为了阻止这些孩子惊扰白鹭，陈子成不分早晚，常带着他那条叫“阿旺”的老狗到“山里”逛逛。“万鹤山”的白鹭们早已当他是“自己人”，他和阿旺进山，白鹭们都非常安定，不会惊飞。

“万鹤山”的白鹭群　供图 / 苏搏

随着京岛旅游区的开发，“万鹤山”的名气越来越大，吸引了大量的游客和摄影爱好者慕名而来。很多人不听劝阻进入“万鹤山”，白鹭发现外人进入后便迅速起飞逃离，树上鹭巢中的小鸟会掉到地上受伤，巢中的鸟蛋也会因鸟惊飞掉到地上摔碎。陈子成对此深恶痛绝，他发现有外人进入“万鹤山”，就让阿旺冲上前去驱赶他们。游客还好说，经劝说后，他们都会自行离开。但有些外来持土枪的小伙子，几个一伙，无视他的存在，他只能选择报警。护鹭难度日益加大，他只好求助保护区管理处出钱在“万鹤山”建了一道防护网，白鹭们的家终于有了一道保障，“万鹤山”受外界干扰因此减少了许多，他的巡护工作也减轻了许多。

陈子成心里经常挂念着这些白色的精灵。每当台风来临的日子，他都要回祖屋居住，这样他就能在第一时间捡到被台风吹落在地而跌伤的鹭鸟，带回家养伤，伤愈后再把它们放归大自然。最多时有 50 多只受伤的幼鸟在他家养伤。幼鸟都是要吃小鱼的，他让孙子们每天都给他买小鱼回来喂受伤的白鹭，白鹭伤养好后，他就把它们放归自然。其中有十几只白鹭被放归自然后，又自动飞回他家，不愿离开，跟他的鸡鸭混在一起生活，成了他的家庭成员。让他最伤心的事是 2003 年第 12 号台风“科罗旺”过后，一夜之间，他捡了二三百只被台风扫落的鹭鸟。他伤心地把不幸死去的鹭鸟全部做了海葬。他说，这是让它们从哪里来再回到哪里去。

陈子成一个人默默坚守护鹭 60 多年。2021 年 1 月 15 日，92 岁的他仙逝了。按他的遗愿，家人们把他埋葬在“万鹤山”边，让他永远看着他挂念的白鹭们，永远与白鹭相伴。

边境护鸟人波哥

防城港大片的红树林湿地吸引着大量的鸟类在这里生息，现在，防城港成了全国各地观鸟人心中的观鸟胜地，也涌现了更多爱鸟护鸟之人，在广西观鸟圈内占有一席之地的边境护鸟人——波哥就是其中之一。

波哥，名叫唐上波，是广西北仑河口国家级自然保护区管理处的一名工作人员，负责鸟类监测工作。几乎每隔一天，波哥的身影都会出现在鸟类监测点上，清晨他与鸟儿同时醒来，日暮与鸟儿同时归家，终日与鸟共舞。波哥的目光总追随着鸟儿灵动的身影，勺嘴鹬、黑脸琵鹭、小青脚鹬、彩鹮、大天鹅、

护鸟人波哥　供图／苏搏

紫水鸡、白眉田鸡这些珍稀鸟类时常出现在波哥的镜头中，让观鸟爱好者们趋之若鹜。波哥接手鸟类监测工作几年间，保护区记录的鸟类由 209 种上升到 299 种，数量规模居全国红树林保护区前列。

对波哥来说，山心沙岛是一个奇妙世界，他经常会到山心沙岛观鸟。山心沙岛因拥有红树林、泥质滩涂、沙滩等优质且丰富多样的滨海湿地生境，既是广西沿海最重要的水鸟栖息地之一，也是东亚—澳大利西亚候鸟迁徙路线上重要的中转站和越冬地。

2017 年 1 月 15 日早上，天上下着小雨，还刮着寒风。同事苏搏和全副武装的波哥去了山心沙岛。波哥穿着灰绿色的连帽大衣，牛仔裤腿塞进一双黑色长筒水鞋里，庞大的相机包背在身后，肩上

山心沙岛上红色的海马齿　供图 / 苏搏

大群候鸟迁飞时上岛停歇　供图／苏搏

扛着三脚架，胸前挂着一副望远镜，眼睛特有神。山心沙岛面积不大，涨潮后露出水面的地方仅约 4.5 公顷，植物丰茂苍翠，海滩上生长着红树林，红树林外的海滩遍布贝壳细沙，有的地方匍匐着大片的红色海马齿。

在沙滩步行约 20 分钟，竟然有阳光透过一片薄云洒了下来。远远看到一群鸟落到岛上，波哥说大约有 500 只，是鸻鹬类水鸟。波哥还说不要靠它们太近，这只是一群来探路的鸟，它们一会飞走后会带来更多的鸟。果然，过了 10 分钟，这群鸟飞走了。再过半小时，更多的鸟飞来了，远远看去像一大群蜜蜂，密密麻麻，越来越近。它们慢慢降落，像音符句点洒满滩涂。它们毫无顾忌地觅食、惬意嬉戏，时而跃向水洗的天空，时而在低处曼妙起舞，静谧的小岛因它们的到来充满生气。

山心沙岛上大量的反嘴鹬在海滩上等待退潮　供图／苏搏

波哥说，别看这个岛巴掌大，周边滩涂的红树林里孕育了丰富多样的海洋底栖生物，是候鸟一个重要的高潮位停歇点，每年有 2 万 ~5 万只鸟从 9 月就开始陆续飞来，一直到第二年 2 月，在这里观测到的水鸟种类有 30 多种，包括黑尾塍鹬、斑尾塍鹬、中杓鹬、白眉鸭、红喉鹨等珍稀鸟类，以及易危鸟类黑嘴鸥、濒危鸟类大滨鹬和极危物种勺嘴鹬。

延伸阅读

海洋底栖生物

指那些生活于海洋底部以海中物包括非生物体和生物体为依托而栖息的生物类群。

高潮位停歇点

指滩涂上海水在最高潮位时，海水没有淹没且有大量鸟类停歇等待海水退去的停歇地。

鸻鹬是地球上迁徙距离最远的鸟类，勺嘴鹬和小青脚鹬是它们中的明星。

波哥用他那 800 毫米单反长焦镜头全神贯注地盯着那群鸟，他说勺嘴鹬在鸻鹬类中，个体小，腿也短，有白色眉纹，最大特征是嘴长得像小勺子，很细心才会发现。

那天，波哥发现了勺嘴鹬，他很兴奋。据国际鸟类专家对勺嘴鹬繁殖地和越冬地的监测、研究，全球仅 600~1000 只勺嘴鹬。在防城港连续 4 年都监测到勺嘴鹬，说明对勺嘴鹬来说，防城港是一个非常重要的中转站或越冬地。

勺嘴鹬休息时喜欢把嘴藏在羽毛中，普通的观鸟者很难寻觅到它们的踪迹，波哥能在上千只鸻鹬中寻到一只勺嘴鹬的身影，完全是凭着他平时对勺嘴鹬外形特征的研究和飞行状态的感知。

鸻鹬类混群（环颈鸻、蒙古沙鸻、三趾滨鹬等） 供图 / 苏搏

波哥是半路出家的辨鸟识鸟高手，工作20余年后的2014年，由于保护区急缺鸟类监测人才，41岁的波哥才到位于江平镇巫头村的鸟类救护中心工作。这是一个远离人群的偏僻站点，鸟类观测瞭望塔伫立在树林边，披着迷彩色。

鸟类救护中心的工作人员很少，当时只有两个人，晚上还需轮值住在那里，经常是一栋楼、一个男人、一只狗，过着“世外桃源”般的生活。他们要管护的范围很广，巡护执法、鸟类调查、鸟类救护、鸟类环志、鸟类疫源疫病监测、鸟类保护和宣传等，需要做的工作很多。

保护区的鸟类救护中心 供图／苏搏

波哥刚进鸟类救护中心工作时，对鸟类知识只知道点皮毛，以前虽曾跟随专家们去观鸟，但一般都只充当司机或向导的角色。作为鸟类辨别和监测方法等专业知识方面的“菜鸟”，波哥不得不从零开始系统地学习鸟类知识。对于年轻人来说，学习一门专业知识似乎不算什么，但对于人到中年的波哥来说，几乎零基础去学习鸟类监测知识真不是一件容易的事。

认识新朋友
MEET NEW FRIENDS

勺嘴鹬

Calidris pygmaea

勺嘴鹬，特征为勺形嘴。国家一级重点保护动物，全球极危鸟类。据专家估测，全球仅存660~1000只。防城港市每年有越冬记录，但数量极少。

勺嘴鹬
（国家一级重点保护动物，全球极危鸟类）
供图 / 唐上波

小青脚鹬

Tringa guttifer

小青脚鹬，中等体形（31厘米）的灰色鹬。腿偏黄，嘴呈双色。国家一级重点保护动物，全球濒危鸟类。防城港市每年有越冬记录，但数量极少。

小青脚鹬（国家一级重点保护动物，全球濒危鸟类）
供图 / 唐上波

因为做鸟类监测这项工作，并不是一劳永逸的活，而是需要长时间的工作投入，需要花费大量的时间蹲点观测，学习辨认鸟类体形特征和摄影知识。况且，还要做好图片筛选、数据整理等繁复的工作，这项耗费巨大精力的工作对波哥是一个极大的挑战。为了寻鸟影，波哥到处独行。有时被狗追得狂奔，有时被一场大雨淋成了落汤鸡，最麻烦的是骑着电驴跑得太远，在野外没电时，得推着电驴步行几公里返回单位。波哥能辨 500 多种鸟，有些鸟种他听到叫声就能分辨。波哥说观鸟是一件很惬意的事，听着鸟语啁啾，心都会乘着鸟儿的翅膀飞翔。如今，波哥已名声在外，连刚认识他的观鸟者都亲热地叫他“波哥”，不分男女老少，波哥在观鸟圈可算得上是观测水鸟的专家了。

波哥经常坐上快艇去海上观鸟，每个月，波哥要两次出现在海上，这是保护区的惯例巡查。当快艇开动时，会让人感到寒风刺骨，波哥迎风而坐，凝望周边海域，时不时用望远镜观察，在万顷碧波上也能准确地知道鸟儿觅食、栖息的地方。

波哥不但自己热衷观鸟护鸟，也带动群众观鸟护鸟。波哥组建了一个护鸟志愿者服务队的微信群——“防城港鲎鸟志愿者”，组织大家开展观鸟、护鸟活动。虽然每个观鸟者观察到的都是微量资讯，但是聚沙成塔，他们把所见鸟类的地点、时间、数目和种类记录并报告，就能转换成为宝贵的科学资料。护鸟志愿者服务队还积

护鸟志愿者服务队去安装鸟类保护宣传牌 供图 / 施波平

极向群众发放爱鸟护鸟宣传单，并参与拆除违法捕鸟网行动。护鸟志愿者服务队的这些活动对打击违法捕鸟和保护鸟类宣传工作，起到了很好的效果。

志愿者们在野外做鸟类调查 供图 / 苏搏

波哥说，不要低估志愿者的力量，志愿者的正能量传播是势不可当的，当防城港人爱鸟护鸟成为一种习惯后，防城港会更加美丽。

的确，当爱护环境成为人们的一种习惯后，地球就会越来越美丽。防城港有了更多像陈子成、波哥这样爱鸟护鸟、保护湿地的环保人士，候鸟们就会携带祖辈父辈们遗传的基因记忆年复一年来到这里，享受大自然丰饶的馈赠，这里延绵的红树林湿地将会成为鸟类永远的天堂。鸟儿因防城港人而安乐，防城港因鸟儿而美丽，一座有鸟栖息的城市，一座红树林密布的海湾城市，会让人刮目相看，也会让世界刮目相看！

波哥在清理鸟网　供图 / 苏搏

延伸阅读

广西北仑河口国家级自然保护区管理处

广西北仑河口国家级自然保护区位于我国大陆海岸的最西南端的广西壮族自治区防城港市境内，东南临北部湾，西南与越南毗邻。北仑河口保护区是一个以保护红树林生态系统、海洋生物资源及其生境、红树林湿地鸟类为主的“海洋和海岸生态系统类型”的自然保护区。2000 年 4 月经国务院批准晋升为国家级自然保护区。2008 年 2 月被列入《国际重要湿地名录》。

保护区总面积 3000 公顷，其中红树林面积约 1300 公顷，有红树植物 18 种，占全国红树植物的一半，其中真红树植物 11 种，半红树植物 7 种。保护区珍珠湾辖区内生长着全国面积最大的海湾红树林和连片面积最大的木榄纯林。北仑河口区域生长着全国连片面积最大的老鼠簕群落，该区域的红树林也是我国唯一的边境红树林，对防止国土流失、保护领土和领海权益具有非常重要的意义。

截至 2021 年，保护区共记录到大型底栖动物 155 种；鱼类 58 种；鸟类 299 种，其中全球受威胁鸟类有 13 种［全球极危（CR）3 种、全球濒危（EN）4 种、易危（VU）6 种］，国家重点保护鸟类 69 种（一级保护 11 种、二级保护 58 种）。保护区成为候鸟迁徙的安全通道及重要栖息地，各种生态资源在这里得到有效的保护，为我国的西南海上边界筑起了一道坚实的绿色生态屏障。

本文原创者

苏搏

广西红树林资源保护评审委员会专家委员，曾任广西北仑河口国家级自然保护区管理处（中国海监广西北仑河口国家级自然保护区支队）主任（支队长），现任防城港市港口区人大常委会副主任。2007 年“感动海洋环保人物”获得者，2008 年“广西青年五四奖章”获得者，2010 年“广西首届十大绿色人物”获得者。出版有《海岸守护神红树林》科普书籍。

MANGROVES IN GUANGXI 07

广西红树林

对植物来说，滨海环境是什么样的？——盐度高、缺氧、海风海浪不断扰动。在这种地方扎根和生存绝非易事，但红树植物有自己的生存智慧：它们演化出了夸张的根系、发达的皮孔、另类的胎生繁殖方式和超强的耐盐耐腐蚀本领，让自己能够在海水中站稳脚跟，顺畅呼吸。凭这一身独门绝技，红树林一族深扎于全球亚热带至热带的沿海河口、滨海潮间带。

扎根一方，护岸固碳

广西北部湾沿海是多种红树植物的重要分布地，板状根的秋茄、膝状根的木榄、指状根的白骨壤（海榄雌）、支柱根的红海榄等，皆生长于此。

这些广西本土的红树植物虽能艰辛生存，但相较于陆地树木，它们的生长速度非常缓慢，尤其是两年以上的植株。据文献记载，红树植物中灌木类的白骨壤、桐花树和秋茄每年大致生长速度分别只有 12 厘米、11 厘米和 16 厘米，即便红海榄长得还算快，每年也才长 40 厘米左右。你如果在野外看到一株红树和成人差不多高，那它的树龄很可能已超过 10 年。

红树家族的姐妹兄弟彼此相连，强壮的根系能固住沿海的一方沙土，抵御台风的能力甚至比人工修筑的码头或海堤还要强。

1996 年一场 12 级强台风“莎莉”，携高于 5 米的巨浪冲击了广西北海英罗港，码头渔船瞬间被击沉，数十公里的人工海堤或崩溃或严重损坏，水利工程直接经济损失 1.32 亿元。然而人们意想不到的是，英罗港马鞍岭红树林内侧年久失修的土堤未出现险情，堤内 1300 多亩稻田也被保住。

湿地生态系统被称作“地球之肾”，红树林发挥着“肾”的过滤作用，可将部分污染物沉降在林内外。除此之外，红树林还能吸收、吸附、累积海水中的部分无机氮、磷、二氧化硫，以及重金属、废弃油污、有机农药等。

红海榄生有发达的支柱根
供图 / 郭潇滢

红树林和海草床、滨海盐沼并称三大滨海“蓝碳”生态系统，越来越受世界各国重视。海洋植物具有极高的固碳效率，固定同样量的二氧化碳，需要红树林 3 倍面积的陆地热带林、4.5 倍面积的温带林。

提供食居，福泽苍生

除了防风护岸，红树林还护住一方生灵。红树林是众多海洋生物的庇护所，它们茂密的枝和根阻挡了很多体形较大的掠食性动物，75% 的热带鱼类随着涨潮来到这里繁殖。

螺类、藤壶、牡蛎等动物，借住在红树林的枝叶和树干上，拥有了可附着的稳固居所。红树林还为无数生物提供了食物，它的落叶、谢花、枯枝被微生物分解成碎屑，变成各种螺、沙虫等生物的食物。这些小型生物会成为鲎、鱼、蟹、虾的美餐，而数量和种类丰富的底栖生物又将吸引水鸟前来觅食。

鲎是世界上最古老的动物之一，其祖先的诞生比恐龙还要早两亿年，因此被称作“海洋活化石”。全世界一共有 4 种现生的鲎，广西分布有圆尾鲎（*Carcinoscorpius rotundicauda*）和中国鲎两种。圆尾鲎因尾巴截面呈圆形得名，其尾表面很光滑，不像中国鲎的尾巴具有棱角和倒刺。圆尾鲎与红树林的关系十分密切——圆尾鲎的英文名 mangrove horseshoe crab 直译过来就是“红树林鲎”。

每年清明后，在广西红树林附近的泥沙滩上就有机会见到抱对繁殖的圆尾鲎，幼年的它们则喜欢在红树林边缘活动。圆尾鲎爱吃的昆虫幼虫、小鱼、寡毛类动物、小型蟹类和壳质较薄的双壳类动物，遍布红树林区域。2021 年，由于栖息地丧失、过度捕捞和利用等威胁因素，圆尾鲎与中国鲎一同被列为国家二级保护动物。

抱对的圆尾鲎 供图 / 陶兴

在红树林边缘活动的幼年圆尾鲎
供图／郭潇滢

一只角眼切腹蟹生活在
白骨壤的气根之间
供图／郭潇滢

你如果走在红树林边缘，会发觉红树植物的气根间总有什么小东西钻来跑去，这就是依赖红树林而生存的蟹类，它们形态各异、颜色多变，一旦感知到可能威胁自己的震动，便立刻钻进洞里躲起来。除了小螃蟹灵活的身影，你还时不时能听见“噼啪”的奇特响声，声源来自正在狩猎的鼓虾（也叫枪虾）。当虾螯快速合并，时速高达 100 千米的水流将从中喷射而出，震昏猎物。水流喷出的同时会生成极微小的低压气泡，气泡破裂时则发出“噼啪”声。

认识新朋友

MEET NEW FRIENDS

弹涂鱼

Periophthalmus modestus

弹涂鱼经常在红树林之下的泥滩中活动，是滩涂特有的水陆两栖明星鱼类。弹涂鱼特化的胸鳍能够像两只脚一样帮助它们在滩涂上『行走』，人们因此也叫它们『跳跳鱼』。鱼类在水下多利用鳃来呼吸，弹涂鱼和大弹涂鱼离水后通常嘴里会含一口水，为鳃获取氧气，这是提供一点氧气的方式，而另一种辅助方式，是透过湿润的身体皮肤，皮下的毛细血管可以与空气直接交换氧气，辅助呼吸。

弹涂鱼停歇在红树林的气根之间，双鳍如双臂，支撑起身体　供图／郭潇滢

红树林惠泽的不仅是海洋生物，还有人类。没有了红树林，生活在陆地的人们将不得不直面难以抵挡的海浪侵袭，还将失去许多食物来源，鲜美的泥丁粥、肥硕的青蟹都不会再有，当地人渔业生计也会随之受损。

榄根，红树林之地

在广西北部湾沿海的红树林，白边侧足海天牛（*Elysia leucolegnote*）在树荫下的浅水洼里缓缓移动，弧边管招潮和大陆拟相手蟹从洞口爬进爬出，寻找食物。藤壶、黑口拟滨螺等各种小生物附着于红树林的叶片和枝干上。

2021 年 5 月，某公司在广西北海铁山港东港区榄根作业区违规施工，造成大面积红树林受损或死亡。区域内死亡红树达 37988 株，生态系统受损严重。

白边侧足海天牛　供图 / 郭潇滢

白边侧足海天牛

Elysia leucolegnote

白边侧足海天牛身长仅 1~2 厘米，生活在红树林下，潮水退去后聚集于树荫下的浅水洼里，乍看很像红树落叶。除形态独特之外，它们最让人啧啧称奇的是能利用从食物（某种丝状绿藻）中获取的叶绿体进行光合作用。

认识新朋友 MEET NEW FRIENDS

北海人管白骨壤的果实叫“榄钱”，广东人管红海榄叫鸡爪榄，此次事发地“榄根”是当地一个村落，从名字便可以推测这个地方与红树林有着高度的关联性。据新华社报道，本次被损害的红树林主要为白骨壤，它们是我国面积最大的铁山港天然白骨壤纯林的重要组成部分。

距此次事发地点榄根地区约 8000 米的坡尾底和 10000 米的沙田，是广西生物多样性研究和保护协会（美境自然）北部湾幼鲎野外种群的长期监测点，其生境和地理位置与榄根相近。

美境自然工作人员开展调研　供图 / 郭潇滢

除了圆尾鲎，中国鲎和红树林的关系也很密切。2017 年美境自然北部湾滨海湿地科考行调查结果显示，坡尾底调查点是当年 7 个调查点中幼鲎密度最高的，在 500 米 ×500 米样方内，中国鲎幼鲎数量高达 200 只。沙田调查点则是 2020 年 10 个调查点中幼鲎密度最高的，500 米 ×500 米样方内中国鲎幼鲎超过 200 只。

上述两个离榄根不远的调查点除了鲎多，鲎的邻居也多，放眼望去，滩涂上尽是多姿多彩的底栖生物：海参、海星、海鳃、海胆、文昌鱼……在破坏发生之前，同处河口、红树林更多的榄根本该也如此欣欣向荣。

灰尾漂鹬在光滩觅食，背景是白骨壤林　供图 / 郭潇滢

2019 年在广东湛江调研时，美境自然在湛江红树林国家级自然保护区见过这样的场景：一棵形态像水母的茁壮的红海榄，背后是一大片白骨壤，里面藏着大群招潮蟹、牡蛎、弹涂鱼、各种贝和螺，鼓虾“噼里啪啦”的夹击声此起彼伏。

如果榄根地区的红树林没有受损，或许也有这般生机。

亡羊补牢易，补红树林却很难

有人问，死了的红树林，补种回来可以吗？打个比方，人秃了头发难长，虽说可以植发，但代价相当高，还不一定能成。死了的红树林也同理——要长回来非常困难。

首先，适合种红树林的地方不多，在光滩上种红树植物，不仅红树苗难活，还会让本来在光滩生活的生物失去觅食地。

其次，红树植物生长慢，人工种植不易存活。广西近海多为泥沙质滩涂，土壤贫瘠，在广西人都冻得哆嗦的冬天，喜爱光热的红树植物同样难在这样的环境下生长。好不容易熬过寒冬，第一年苗长到 30~40 厘米，来了一批藤壶或浒苔会轻易将红树幼苗覆盖，导致其死亡。

据广西红树林研究中心的调查，2002—2015 年广西红树林人工造林面积为 3984.5 公顷，存活的斑块面积只有 1338.9 公顷，保存率为 33.6%，更令人揪心的是，近年来红树林人工造林的面积和保存率都有下降趋势。

即便补种了红树林，还活了下来，但是那些原来生活于此的生物，却因环境的改变再难回到原处了。

郁郁葱葱的桐花树，间杂着秋茄。
下方白色是被红树林挡下的海漂泡沫垃圾　供图 / 郭潇滢

我们还有多少红树林可以失去?

近 40 年来，沿海开发建设、海区污染引发敌害生物泛滥、海堤建设、外来物种入侵等，都在导致广西红树林不断消失。

根据遥感监测，1960—2010 年，养殖塘和盐田建设破坏红树林 2978.9 公顷，是广西红树林减少的主要原因。修建海堤，会人为阻断海陆过渡带红树林动态演替的自然剖面，毁灭陆缘高大成熟的红树林，而且堤脚前常遗存难以修复的无林带沟。红树林生长对水淹时间和水深有严格要求，在全球海平面上升的大背景下，堤前红树林没有后撤之路，总体上将逐渐衰退。

据记载，历史上广西红树林面积曾多达 2.4 万公顷。2019 年 4 月自然资源部、国家林业和草原局联合组织的红树林资源和适宜恢复地专项调查结果显示，广西红树林总面积 9330.34 公顷，分布于北海、钦州、防城港。

从数字上看，榄根受损红树林的面积，只占当前广西红树林面积总数的 0.18%，但是，我们还有多少个 0.18% 可以失去?

保护红树林，我们怎么做？

与此同时，红树林的退化正在全球上演，西印度洋和东南亚一些地区，这两处最重要的红树林热点区域，80% 以上的红树林已经消失。然而对于公众来说，不论居住在沿海还是内陆，面对日益严峻的红树林退化，依然可以积极行动起来，为红树林保护添砖加瓦。

如果来到红树林生长的区域，请注意避免踩踏地面上红树植物用于呼吸的气根，并且正确分类垃圾并妥善处理，以免垃圾进入红树林，造成污染，威胁到海洋生物；当看见塑料袋等垃圾困住红树植物，可以顺手将它们拾起，带回岸上；如果是旅游出行，请支持和参与可持续的绿色旅游项目，减少对当地生态环境的人为干扰，避免给红树林带来过度压力。

如遇砍伐、污染等破坏红树林的行为，我们应根据相关法律法规依法举报。此外，成为积极的倡导者也是保护红树林的举手之劳：我们可以将红树林的重要性、导致其消失的因素分享给身边的人们，通过宣传的力量触动更多人心，提高人们对红树林的认识和重视程度，让保护红树林的意识遍布每个角落。

本文原创者

美境自然

美境自然是一家在广西专业从事生物多样性保护的慈善组织，成立于2014年。通过促进公众参与、协助当地人成为保护主体，来保护桂西南喀斯特生态系统、北部湾滨海和海洋生态系统，同时关注城市生物多样性。美境自然倡导人人都是自然保护者，相信人人都有责任、有能力保护自然，再微小的保护行动都能创造更美好的生活。

THE LEGEND OF "ZHENDONG" COAST 08

"镇东"海岸的传说

走近龙海区红树林

龙海九龙江口红树林省级自然保护区位于九龙江入海口的滩涂潮间带，与厦门隔海相望，是以红树林生态系统、濒危野生动植物物种和湿地鸟类等为主要保护对象的湿地类型自然保护区。

目前，漳州市龙海区红树林总面积8500亩[1]，其中6303亩的区域于1988年经福建省人民政府批准设立红树林自然保护区，是福建省面积最大、种类最多、生长最好的红树林分布区，被列入《中国重要湿地名录》。

20世纪80年代，
高约10米的秋茄大树
供图/卢昌义

龙海区红树林分布于紫泥、角美、浮宫、东园、海澄5个乡镇27公里长的海岸线上，植被类型共有红树林、滨海盐沼、滨海沙生植被3个。保护区内共有红树植物近20种（含近年引种研究的物种），其中优势树种秋茄不仅生长发育快，而且存在大面积纯林，其树形高大，最高超过10米，创下秋茄树高的纪录，我国大陆沿海各处的秋茄均无法与之媲美。浮宫也是秋茄在亚洲分布的中心区域之一。

---

① 1亩约为666.67平方米。

保护区共记录野生脊椎动物21目54科211种，其中鸟类16目40科180种。在众多的野生动物中，有国家二级保护动物28种、“中日协定保护候鸟”96种、“中澳协定保护候鸟”52种。保护区水生生物资源也非常丰富，有潮间带生物231种，其中鱼类129种。

龙海区还是重要的科研和科普基地。1987年，厦门大学在浮宫草埔头建设首个红树林引种园，从海南引种木榄、海莲、红海榄等物种。此外，每年都有许多高校和科研机构到保护区开展工作，包括中国林业科学研究院热带林业研究所、福建省林业科学研究院、自然资源部第三海洋研究所、厦门大学和厦门大学嘉庚学院等。

1987年，厦门大学在浮宫镇霞郭村草埔头建立首个红树林引种园
供图／卢昌义

“海岸卫士”红树林

福建省地处我国东南沿海，是最容易受到台风影响的区域之一。每年6—9月是台风频发的季节。台风是一种破坏力极强的自然灾害，不仅会直接带来狂风、暴雨和风暴潮，还会引发洪涝、山体滑坡、泥石流等次生灾害，严重影响当地居民的生命与财产安全。

作为有着“海岸卫士”“绿色长城”等称号的红树林，在台风来临时可以起到保堤护岸的重要作用，从而降低风暴潮对海堤的破坏，在历年登陆我国东南沿海的台风以及2004年的印度洋海啸中，红树林的这一作用都得到了印证。

在抵御台风风暴潮的过程中，红树林黯然舍己，以牺牲自己作为代价来保护人类。尤其是超强台风过境后，许多健康的红树植物会倒伏甚至死亡，而肆虐的台风对于刚种下去不久或未成林的红树林幼苗的影响更大。除了狂风暴雨外，洪水和磅礴巨浪席卷来的大量海漂垃圾也对幼苗产生了巨大伤害，从而造成幼林的大面积损失。

2023年9月，台风“海葵”过境后CMCN组织志愿者在浮宫开展海漂垃圾清理　供图/中国红树林保育联盟

沿海地区的红树林需要及时修复与保护，在台风过后尤需如此。自2003年起，我国红树林生态系统保护工作的专业组织中国红树林保育联盟（CMCN），便持续开展红树林生态修复的相关活动，包括造林相关的基础研究和评估，以及育苗、种植、管护和监测等工作。早期开展红树林生态修复的主要目的是修复和扩大红树林面积，完善红树林的生态服务功能；最近十年，CMCN将提升公众意识作为红树林生态修复项目的主要目标之一，平均每年组织15场面向公众的生态修复活动，因为这是公众可以身临其境认识红树林生态系统、参与红树林保护最直接的途径。

2023 年 7 月底到 9 月初，台风“杜苏芮”和“海葵”接踵而至，相继登陆福建泉州和漳州。持续数日的狂风暴雨让 CMCN 工作人员对近几年种植的红树林未成林幼苗忧心忡忡。待到台风“海葵”过境后，CMCN 便面向社会招募志愿者前往造林地开展红树林修复、补种和管护工作。

台风过后，现场的海漂垃圾各式各样且数量让人触目惊心，在这样的环境下工作，危险系数高且劳动强度大。面对紧迫的时间和繁重的任务，志愿者们付出了自己的努力与汗水。最终，在 25 名 20~67 岁志愿者以及保护区工作人员和当地村民的共同努力下，共补种了 400 株红树植物幼苗，同时清理了大量海漂垃圾。海岸又恢复了从前的整洁，红树林也获得了新的生机。

2023 年 9 月，台风“海葵”过境后 CMCN 在浮宫组织开展第八场公众参与红树林生态修复活动　供图 / 中国红树林保育联盟

“镇东”的神奇传说

至今，在北京市企业家环保基金会、安踏、保时捷中国、北京天之云、CST（Cell Signaling Technology）、1% 地球税等机构的支持下，CMCN 已组织或参与生态修复超过 200 场，直接参与的志愿者上万人，累计种植红树植物超过 100 万株。

在活动期间出现了这样一位人物——薛志勇站长，他是 CMCN 的铁杆志愿者，也是一名高级工程师。在 2003 年一次红树林野外调查工作中，薛志勇与 CMCN 现任理事长刘毅结识。那时候，刘毅还是一名大三学生，CMCN 也只是学生社团里的红树林项目组，出于共同的理想，薛志勇非常支持红树林调查以及相关宣传工作。在那次活动中，作为对该保护区了解甚多的老手，薛志勇向新志愿者们介绍了九龙江口保护区，并用无人机做了活动记录。在为公众介绍保护区时，薛志勇常常讲述“镇东”海岸的传说。

漳州市龙海区浮宫林业工作站站长薛志勇
供图 / 薛志勇

当地村民将九龙江南溪与北溪交汇入海口处的浮宫镇霞郭村草埔头自然村的海岸称为“镇东”，关于这个名称还有一个神奇的传说。

浮宫的字面意思是“漂浮的宫殿”，其平均海拔低于海平面，由于其位于九龙江上游的西溪、北溪、南溪三支干流的汇合入海处，水流湍急、浪涛汹涌，加之常年遭受北风及台风影响，历史上经常发生溃堤事故，严重地影响了当地群众的生产和生活。

此处尽管曾经多次种植红树林，但因水急浪大，均以失败告终。清末，皇帝曾拨二百两白银用于修堤，此段海岸因此被民间称作“二百两”海堤。这段海堤虽经历次修筑，但遇到大潮巨浪时仍然会使百姓饱受溃堤之苦。民国时期，当地爱国华侨曾捐资修筑海堤，然而大自然的力量太强大了，尽管采取各种措施，想尽种种方法，事故还是时有发生。

20 世纪 40 年代，浮宫霞郭村的爱国华侨郭美丞（与陈家庚是同一时期的爱国华侨领袖）带头集资购买上海招商局废弃的 3000 吨级“镇东”号巨轮，打算凿沉，以阻挡急流。据说，当时“镇东”号由“大通”号和“神马”号两艘拖轮牵引，拖至“二百两”海岸外凿沉。在“镇东”沉船过程中，拖轮“大通”号不幸发生了事故，最终沉没在“镇东”号附近。从此，这段海岸又有了“镇东”海岸的新称谓，而原来“二百两”的称谓则逐渐被人们淡忘。

不知是有了“镇东”号巨轮对急流狂浪的阻挡，还是受到爱国华侨无私奉献精神的感召，从此以后，在此地段种植的秋茄成活率高且长势良好，当地村民大受鼓舞，种植红树林、爱护红树林成了当地村民的淳朴民风。新中国成立后，在政府的组织下，霞郭村村民多次采摘附近的秋茄胚轴进行培育种植，这一海岸滩涂的红树林逐渐成林、连片，成了今天颇具规模的红树林。尽管如今的“镇东”号沉船仅剩下残存的骨架，但长成密林的秋茄林却已形成了一道蔚为壮观的绿色海岸长城，担负起比“镇东”号巨轮更加神圣的职责。自从有红树林这一“护岸卫士”，这里就再也没有溃过堤，当地村民因此对这段海滩的红树林更是爱护有加。

如今的“镇东”号只剩下残骸
供图／中国红树林保育联盟

浮宫“镇东”海岸的红树林
供图／中国红树林保育联盟

漳州市龙海区浮宫林业工作站保护的红树林是龙海九龙江口红树林省级自然保护区的组成部分，薛志勇是这里的站长。他 1990 年入职浮宫林业工作站，一干就是 30 多年，深知这里的历史，也见证了九龙江口红树林的变化。

据薛站长介绍，当年刚来浮宫时，这里的红树林非常茂盛，有超过 3000 亩红树林，可后来由于各种原因，红树林逐渐丧失到一度不足 1200 亩。

1999 年的那场台风，至今让薛站长印象深刻。

那场台风的肆虐造成浮宫镇附近海门岛上没有红树林保护的海岸几乎全部溃堤，全岛受灾，堤内数万亩农田被淹或被冲毁。大量雨水的冲刷造成水土流失，风暴潮带来的海水在蒸发后使土壤盐碱化，土地肥力随之下降，对农作物产生极大破坏，从而严重地影响了当地群众的生产和生活。后来，还调来了部队官兵协助修堤，帮助村庄进行修缮工作。对比之下，有红树林保护的村庄却没有受到严重损害，由此可见，保护红树林工作是造福人类的。

如今，时光流逝，岁月更替，曾经的热爱与信念也被冲刷，渐渐淡去……人们逐渐淡忘了曾经溃堤的无助，对红树林的保护工作不再像从前那样重视。除了自然灾害对红树林的破坏，人类活动也对红树林造成极大损失。

保护“美丽后花园”

20世纪末，快艇营运是连接厦门与龙海最重要且最便捷的交通方式之一。随着每天往返两地的快艇越来越多，加上河口大量的采沙作业，大面积滩涂流失，从而导致滩涂外缘平均8~10米的红树林林带逐渐倒伏、死亡。

2005年开展了“让快艇减速”倡导活动　供图／中国红树林保育联盟

针对快艇营运所带来的威胁，CMCN组织了一系列的“让快艇减速”倡导活动，希望快艇营运方适当调整快艇路线，在经过红树林区域时远离两岸并减速。在当地政府职能部门、浮宫林业工作站和媒体的支持下，倡导活动取得了阶段性成效，缓解了快艇营运对红树林造成的影响。

除此之外，CMCN 在入户调查时发现，镇上许多居民的住宅靠海而建，并且大多存在屋后侵填滩涂并占地修建猪禽圈舍、厨房、菜地等现象。

这些沿岸的滩涂原本都有茂密的红树林保护，然而 20 世纪 80 年代，由于经济利用的需要，村庄沿岸的红树林被砍伐，取而代之的是大面积种植可用于编制草席的短叶茳芏，随之而来的是外来物种互花米草的入侵和生物多样性的降低。此外，受潮水的冲刷、快艇营运和非法采沙的影响，沿岸住宅的地基明显下陷，墙壁出现大裂缝。为此，当地村民普遍运用石块、竹条等土办法来牢固地基，不仅缺乏美感，而且存在安全隐患。

2005 年首届红树林生态营　供图 / 中国红树林保育联盟

因此，CMCN 于 2005 年组织了“首届红树林生态营”并启动“美丽后花园”行动，持续开展了一系列入户调查宣传、红树林修复和监测、公民科学、志愿服务、自然教育等活动，同时建立预

2005 年“美丽后花园”行动　供图 / 中国红树林保育联盟

警机制并开展定期巡护，协同当地政府职能部门，带动更多公众参与，改变当地村民的理念，在保护家园的同时拥有“美丽后花园”，改善环境，净化水体，保护堤岸，维护生物多样性，践行生态文明。

在项目初期，由于当地村民的认知度和接受度低，社区的生态和生物多样性修复工作很难开展，当务之急是找到“愿意第一个吃螃蟹的人”。于是，家在南溪沿岸的党员干部成为第一批示范户。

浮宫林业工作站工作人员、科研人员、NGO 工作人员和志愿者为当地村民开展系统培训，送苗木和技术上门，逐步修复红树林，利用天然屏障取代人工土办法。一年后，当周围的邻居看到成效后，纷纷前往林业工作站找薛站长，要求参与“美丽后花园”行动。

浮宫的红树林　供图／薛志勇

经济快速发展推动了城市化建设，导致对河沙的需求越发旺盛。高额利润致使一些人不惜铤而走险，非法采沙死灰复燃。最高峰时，九龙江口沿岸分布了 20 多个非法采沙场。非法采沙不仅掏空河床，而且造成两岸的滩涂大面积下陷、坍塌，红树林也随之倒伏、死亡。此外，有些堆沙场还直接占用红树林分布区，导致红树林被掩埋、死亡。

2013 年底，CMCN 预警机制项目志愿者在浮宫镇巡护时，发现一片建设在保护区范围内的非法采沙场，随即向林业部门举报。该事件引起了有关部门的重视，龙海市（现漳州市龙海区）政府发布《龙海市人民政府关于印发开展九龙江流域（龙海段）砂石堆放场及中转场、洗砂场专项整治工作实施方案的通知》，牵头对九龙江流域（龙海段）的沙场进行了整治。到了 2014 年，保护区内的沙场全部清理完成，相关区域也进行了生态修复。

如今，在浮宫镇南溪沿岸的滩涂上，红树林已重现生机。原本遭受破坏的生态系统和生物多样性，正焕发着新的生命。一切都开始向着美好的方向蓬勃发展。曾经那片充满生机的红树林再次绽放在人们的眼前，宛如凤凰涅槃。历经无数艰辛与险阻，从绝望中寻找希望，在无数次倒下中挺拔而立，就像曾经种下这片红树林的先辈们一样坚毅而顽强，展现着生命的韧性与自然的雄伟力量，续写着镇东海岸的美好传说……

每当提到九龙江口的红树林，一定要提到浮宫的红树林；而提到浮宫的红树林，则必然会提到“镇东”海岸的秋茄林。如果您到浮宫参观红树林时，可别忘了一定要到“镇东”海岸去看一看那片秋茄林，倾听“镇东”号沉船向您诉说这段神奇海岸所经历的历史沧桑……

本文原创者

刘毅

厦门大学环境科学博士。中国红树林保育联盟理事长兼总干事、莆田绿萌滨海湿地研究中心主任、厦门市科普作家协会理事、IUCN 世界保护地委员会（WCPA）及教育与传播委员会（CEC）委员、中国生态学学会红树林生态专业委员会委员。

自 2001 年至今一直开展红树林生态系统的研究和民间保育工作，同时开展潮间带软体动物的研究和科普工作。曾获英国最高自然保育奖——惠特莱奖、福特汽车环保奖、SEE·TNC 生态奖等国内外知名环保奖项。

主编《我们赶海去》《潮汐国度——生命的繁衍密语》等科普读物 10 余种。编著的书籍曾获海南省优秀精神产品奖（海南省“五个一工程”奖）、中南六省（区）优秀教育读物特等奖、自然教育优秀书籍、生态环境优秀科普作品（图书）等荣誉。在《中国国家地理》《知识就是力量》《环球少年地理》《少年科学画报》《海洋世界》等期刊上发表多篇科普文章。

MANGROVES IN ZHEJIANG 09

浙江红树林

红树林，被誉为“海岸卫士”“海洋绿肺”，发挥着固岸护堤的作用，可它们的数量正因为外来物种、冻害、海岸变迁等大量减少，是一代又一代的护林人，为了自然生态，付出时间和精力保护了红树林。

树排沙岛的红树林，2018 年获批省级海洋特别保护区
供图 / 浙江省亚热带作物研究所红树林课题组

乐清人的非凡任务

在浙江温州乐清市，一群坚定的乡村人正在开展一项不同寻常的任务——保护和复兴红树林。这个小城的居民，以一种创新的方式，既守护着这片红树林的美丽，又为当地生态系统和社会经济带来了可观的效益。乐清湾的红树林是生长在我国纬度最北的红树林群落，成为这片海湾的“海上卫士”。由于红树林喜热畏寒，所以每向北移动一步，种植难度就会增加许多。然而，乐清湾的居民下定决心——规模种植红树林，希望重现这片红树林的壮丽景观。

乐清湾北部西门岛的浅海滩涂面积广阔，海洋生物资源丰富。看到岸边生长着成片的红树林，雁荡镇西门岛村党委书记陈传宝骄傲地说：“目前全岛红树林种植面积已达 500 亩，现在（初夏时节）刚好是红树林成活的最佳时节，我们正在加紧种植。”陈传宝坚信，他们的努力不仅是为了保护环境，也是为了提高村民的生活水平。

在这个过程中，当地政府与村民合作，采取创新的方式，成功种植并保护了红树林。他们不仅解决了红树林生态系统的问题，还改善了养殖业的生存环境。通过重新规划滩涂养殖区，他们改善了空间布局，丰富了生物多样性，还为养殖业提供了更好的环境。

不仅如此，随着红树林面积扩大，这里的生物多样性悄然发生变化。陈传宝补充道："现在红树林里有跳跳鱼、青蟹，以前见不到的白鹭、野鸭现在全都有了。"

通过西门岛观鸟监测项目，保护区摸清了鸟类资源的"家底"，结合红树林、草丛、湿地等打造了立体式鸟类栖息环境，这里也成了兼具观赏性与科研性的林中观鸟基地。

苍南沿浦湾红树林基地渔民挖海螺　供图／浙江省亚热带作物研究所红树林课题组

浙江引种造林浪潮

浙江地处东南沿海，海岸线 7046 千米，拥有海域面积约 26 万平方千米，相当于陆域面积的 2.56 倍，有“陆域小省，海洋大省”之称。浙江省是我国红树林栽植的北界，历史上曾有过多次较大规模的引种造林活动。

20 世纪 50 年代末到 60 年代初，浙江省红树林引种造林，形成了早期浙江省人工栽培红树林的高潮。1957 年，乐清的渔民率先人工引种红树林到乐清西门岛；1958 年，瑞安也曾有秋茄林引种成功的报道。

清华大学教授和厦门大学教授正在研究讨论桐花树
供图 / 浙江省亚热带作物研究所红树林课题组

20 世纪 90 年代至 21 世纪初，全国沿海防护林建设工程的实施，又引发了新一轮秋茄林的引种造林，造林地点在温州的永嘉、平阳、瑞安、苍南、龙湾、乐清以及台州、宁波等地，累计种植秋茄林约460公顷[①]，这一时期造林保留至今的面积约30公顷，主要保留在龙港市的鳌江口和玉环市茅埏岛。

国内选育的第一个秋茄良种——龙港秋茄母树林供图/浙江省亚热带作物研究所红树林课题组

浙江引种成功的桐花树
供图/浙江省亚热带作物研究所红树林课题组

2013年，红树林造林发展进入新阶段，温州市海洋渔业局尝试开展了红树林生态补偿项目"温州市瓯江口新区海洋科技城建设项目填海工程""中石化浙江石油分公司温州灵昆油库及配套工程"，利用海涂围垦的43.6万元生态补偿资金，在瓯江口树排沙岛种植43亩红树林，成活率达90%以上，取得了良好的示范带动作用。2014—2015年又启动9个生态补偿项目，在瓯江口中营建了近1000亩红树林。此后，分别在瑞安、平阳、苍南、龙湾、乐清等地推广了生态补偿项目。2018年以后，重点由海洋部门应用海

① 1公顷等于1万平方米。

洋生态补偿和生态修复专项资金开展红树林造林工作，实施了国家的蓝湾项目。浙江的红树林种植取得较快发展，一方面是基于红树林造林技术的成熟应用，另一方面是基于投入充足的造林和管护经费，没有人为的破坏，新种植的红树林保存率都达到了 80%以上。

在这一过程中，研究人员开展了浙南秋茄种群结构、生物量以及土壤碳贮量的评估，揭示了人工秋茄林种群结构，构建了秋茄多树干树木直径与植株生物量之间的异速生长模型，为红树植物地理种群结构与生物量评估提供了理论依据，也为我们保护红树林生态系统做出了重大贡献。

苦槛蓝（*Myoporum bontioides*）果实
供图 / 浙江省亚热带作物研究所红树林课题组

红树林家族

目前，浙江省的红树林面积约为6000亩，主要分布在乐清湾及其以南地区的海湾和入海口，分别是乐清湾、瓯江口、鳌江口和沿浦湾。

乐清湾红树林包括台州市玉环市的滩涂红树林和温州市乐清市的滩涂红树林。乐清西门岛红树林位于乐清湾西侧，具有悠久的历史，于1957年开始引种栽培，是浙江省最早人工红树林引种点，历史上累计种植面积约134公顷，目前保存面积约16公顷，该区域2017年获批国家级海洋特别保护区（海洋公园）。

西门岛1957年引种的红树林
供图/浙江省亚热带作物研究所红树林课题组，该照片摄于2008年

浙江省乐清市清江河口红树林+贝类养殖
供图/浙江省亚热带作物研究所红树林课题组

预计到2025年，乐清湾的红树林面积可达6000亩。2019年以来，在清江口推广的海瓜子养殖与红树林种植模式，不仅改善了生态环境，而且提高了海瓜子的产量和品质。

玉环市红树林以乐清湾东侧为主，始种于2005年，由原玉环市林业局和海洋渔业局牵头种植，面积约1500亩，栽植树种为秋茄、苦槛蓝。目前，秋茄树已开花结果，胚轴成熟期比鳌江口红树林约迟半月。

玉环市江岩岛红树林
供图/浙江省亚热带作物研究所红树林课题组

瓯江口红树林是另一个令人着迷的地方。瓯江口红树林面积合计2000多亩，主要有两片，一片位于瓯江入海口海涂淤积的树排沙岛上，面积约1000亩；另一片靠近洞头区霓屿岛滩涂，面积约1000亩。

树排沙岛于2013年开始种植红树林，当年种植42亩，2014—2016年陆续种植了1000多亩，于2019年获批浙江省级海洋特别保护区。主栽树种为秋茄，有少量的桐花树、海漆、无瓣海桑、海三棱藨草等，还有盐地碱蓬、糙叶薹草、芦苇、钻叶紫菀。研究人员在本岛上收集到海南、广东、广西、福建、浙江红树林保护区等地秋茄植物资源40多份。岛上于2014年开始种植海漆、桐花树、无瓣海桑，经历2016年50年一遇的低温，秋茄胚轴自然脱落后，有少量在林缘或潮沟处自然

引种到浙江瓯江口树排沙岛的红树植物海漆
供图 / 浙江省亚热带作物研究所红树林课题组

生长。桐花树能正常开花结果，但不能自然演替。海漆能开花，但并未见成熟果实。有十余株无瓣海桑可开花结果，但果实不能正常成熟。研究发现，栽植红树林后，鸟类从 2016 年的 69 种增加到 2021 年的 99 种，同时底栖生物的密度显著增加。

龙湾区树排沙岛红树林
供图 / 浙江省亚热带作物研究所红树林课题组

黑尾鸥（*Larus crassirostris*）
供图 / 林清贤

瓯江口洞头区霓屿岛 2018 年开始栽种秋茄，还有少数的桐花树，规划未来建成集红树林种植、候鸟观测、生态养殖、湿地生态保护和旅游休闲观光于一体的万亩红树林海洋湿地公园。

鳌江口红树林位于鳌江入海口（纬度约为27°34′53″），鳌江北侧的红树林隶属于平阳县，南侧的红树林隶属于龙港市，总面积约1300亩。尽管面临一些挑战，这片红树林依然成为浙江省湿地公园的一部分，展示了秋茄的顽强生存能力和生态多样性的重要性。

龙港市鳌江秋茄林
供图／浙江省亚热带作物研究所红树林课题组

1996—2005年，龙港市连片营造红树林3000多亩，但是因为养殖、互花米草入侵等，仅在新美洲村保留了200多亩。该区域于2019年列入浙江省湿地公园。该区域1995—2005年种植的秋茄林，高达3~6米，经历2008年、2016年以及2020年的历史性低温，胚轴苗经多地试验，抗寒性优于福建九龙江口等地的秋茄胚轴苗。该区域的秋茄母树林被审定为浙江省级良种，每年可提供胚轴300万株。尽管面临一些挑战，这片红树林仍成为浙江省湿地公园的一部分。它展示了秋茄的顽强生存能力以及生态多样性的重要性。

苍南县沿浦湾的红树林是目前浙江省分布最南端的红树林，与中国最北端的福建福鼎红树林遥相呼应。该区域红树林由原苍南县海洋与渔业局、沿浦镇人民政府于 2016 年开始种植，目前累计种植面积约 84 公顷，栽植树种为秋茄，并有少量桐花树，目前盖度约 40%，规划建设为海洋特别保护区。该区域种植红树林后，附近区域的紫菜产量和品质显著提升，物种多样性指数明显提高，底栖生物的密度和生物量最高时能达到种植红树林前的 10 倍。目前该区域采用了部分红树林种植与青蟹养殖模式，取得了显著成就，为我们提供了一个成功的示范案例，展示了自然的神奇之处和生态系统的复杂性。

这个小城的居民们，以创新的方式，既守护着红树林的美丽，又在保护环境和经济效益之间找到了平衡。他们的故事告诉我们，环保与经济可兼得，这也为我们提供了宝贵的启示。浙江的红树林在他们的努力下，焕发着新的生机，同时也激励着更多人投身保护环境的事业。

延伸阅读 EXTENDED READING

盖度　指植物地上部分垂直投影的面积占地面的比率，可分为投影盖度和基部盖度。盖度的大小不取决于植株的数目，而是取决于植株的生物学特性。

本文原创者

陈秋夏

博士，研究员，现任浙江省亚热带作物研究所所长。从事沿海植物种质资源创新利用和浙江红树林生态修复研究，第一作者（含通讯作者）发表论文 60 多篇，授权专利 10 件，获得省级新品种审定 3 个。

SAVE THE RARE AND ENDANGERED MANGROVE PLANT RED-FLOWERED BLACK MANGROVE

10

拯救珍稀濒危红树植物红榄李

红树林保育和生态修复迫在眉睫

20 世纪下半叶，随着全球气候的变化和诸多人类活动的不断干扰，红树林这一宝贵植物群落的生存空间变得愈加狭小。到 20 世纪末，我国的红树林面临着诸多难题，最典型的问题是面积显著减少，现存的红树林更是普遍面临群落退化、生产力下降、生态系统服务功能大大降低等严峻局面。

根据厦门大学王文卿教授的评估，中国 50% 的红树植物处于珍稀濒危状态，红榄李、海南海桑、拉氏红树等的野外个体数量均不超过 100 株。由于海堤建设、环境污染、生物入侵、病虫害等导致了上述问题，所以红树林保护和生态修复工作刻不容缓。这项工作不仅要对现有红树林开展科学化管理，而且需要进行合理的生态恢复和重塑。红树林如同大自然给予地球的礼物，对于如此珍宝一般的植物，首要任务就是种质资源尤其是珍稀濒危物种的保存和繁育。拯救红树林之路道阻且长，海南东寨港红树林面临着前所未有的挑战。

东寨港红树林保育之路

海南的东寨港在红榄李的保育上如同一个天然避风港，承载着保育生命的伟大使命。一方面，海南是我国唯一的红榄李天然分布的省份，而东寨港有海南唯一的红树林国家级自然保护区；另一方面，东寨港在红树植物的育苗和引种上积累了大量经验，曾于 30 多年前成功引种红榄李。红榄李繁育的技术攻关，不仅对我国红树植物的种质资源保护和红榄李的种群延续具有决定性意义，而且是重塑“海上森林”的关键一步，对后续恢复和完善已严重退化的红树林具有示范效应。

海南东寨港的红树林保护工作要追溯到 20 世纪 80 年代初，当时全国第一个红树林苗圃在这里建立，人们开始进行红树植物的引种、研究和育苗。在厦门大学、中山大学、中国林业科学研究院热带林业研究所等科研单位的支持下，东寨港自 1985 年起先后从文昌、三亚等地引种包括海桑、杯萼海桑、海南海桑、拟海桑

红榄李的植株
供图 / 中国红树林保育联盟

等在内的10种红树植物；还从孟加拉国、墨西哥等国引种无瓣海桑、拉关木等我国没有天然分布的外来红树植物，使得东寨港的红树植物种类更加丰富，由之前的26种增加到41种。为了保护红树植物种质资源，科研人员和保护区工作人员在东寨港苗圃做了大量的研究和实践工作。在大家的坚持不懈与勠力同心之下，大部分红树植物的繁育难题都已经被攻克，与此同时，木榄、海莲、秋茄、卤蕨、老鼠簕、水椰、水黄皮等十几种红树植物的育苗也接连落地实施。

红榄李在东寨港没有天然分布，只能从别处引种，保护难度极大，其过程可谓一波三折。东寨港起初于20世纪80年代引种了14株红榄李，然而2008年突如其来的一场严寒使红榄李全军覆没，损失惨重。当时不仅基地内损失惨重，野外恢复种群的情况也不容乐观。

认识新朋友
MEET NEW FRIENDS

红榄李 *Lumnitzera littorea*

我国的红树植物大家族中唯一的国家一级保护植物。使君子科榄李属常绿小乔木，有时灌木状，高1~10米，树皮灰黑色。有细长的膝状呼吸根。单叶互生，肉质，倒卵形或倒披针形，长3~8厘米，宽1.5~2.5厘米。具双花期。总状花序顶生，长2~5厘米，多花，花两性，花瓣5枚，红色。果纺锤形，熟时黑褐色，果柄长5毫米。纤维质果皮质轻，果实借此随水流传播。果熟期10月。

红榄李对光照、温度等生境条件要求非常高，已载入《中国植物红皮书》，并被《中国生物多样性保护行动计划》列入『植物种优先保护名录』，也是《国际湿地公约》的濒危物种，被誉为红树植物中的『大熊猫』。在我国仅海南陵水和三亚有天然分布，目前为止对珍稀濒危植物红榄李的保护是整个红树植物物种保护工作中最典型的案例。

红榄李的花
供图／中国红树林保育联盟

红榄李的果实
供图／中国红树林保育联盟

红榄李的“爸爸妈妈”们

为了拯救与恢复命悬一线的红榄李，我国相关科研人员踏上了漫长而艰辛的旅途。此次旅途的首要任务便是厘清中国红榄李的野外分布现状。2014年，中国红树林保育联盟理事长兼总干事刘毅带领其团队，对海南省红榄李的野外分布现状开展了全面调研。

经过夜以继日的漫长调查，刘毅团队发现红榄李的野外种群数量已从2006年的359株骤减为2014年的14株，减少了96.1%，而天然分布区也仅剩三亚铁炉港和陵水大墩村两个地方。其中：三亚铁炉港60米×20米的区域内分布有9株，均为乔木，可开花结果；陵水大墩村约20米×10米的区域内分布有5株，大片土壤已被污水浸没，水的深度已经没过了膝盖，整片积水区充斥着刺鼻的

2014年，中国红树林保育联盟在海南开展红榄李资源普查
供图／中国红树林保育联盟

臭味，情况不容乐观。令调查人员印象深刻的是，整个调查过程极为艰辛，结束之后需要从污水泥泞中爬上岸坡，上岸后许多人因皮肤接触污水太久而很快出现大片红疹等严重过敏反应，疼痛与瘙痒难以忍受，刺鼻的污水味侵入鼻腔更是久久不能散去。在这样恶劣的生存环境里，红榄李的生命岌岌可危。

2014 年，中国红树林保育联盟在海南开展红榄李资源普查
供图 / 中国红树林保育联盟

调查结果显示，我国红榄李面临着栖息地人为干扰严重、生境恶化、种群高度退化、林下均未发现幼苗、种子严重败育等问题，中国的红榄李种群延续面临着史无前例的挑战。随后，中国红树林保育联盟发布了《中国濒危红树植物红榄李调查报告》，不仅是对调查的总结，更是呼吁社会各界关注岌岌可危的红榄李。

除了了解红榄李的分布情况，对于其繁育的研究也必不可少。为此，许多学者在红榄李的花粉、花果期、种子繁育能力、无性繁殖、组织培养等方面开展过研究。原海南师范大学张颖教授自 2012 年起长期研究红榄李的繁育技术，尝试了多种无性和有性繁殖的方法，可是直到2013年都未获得成功。为了研究红榄李，她曾无数次往返于三亚铁炉港和东寨港苗圃。红榄李的繁育研究和保护工作非常辛苦，尤其是铁炉港现存的红榄李，其中有几株是特别高大的老树，在花期需要开展人工辅助授粉，但花大多在树冠表层枝条的末端，也就是“树尖尖”上，由于一般的梯子放不稳或不够高，所以只能上树并爬到树尖上操作。

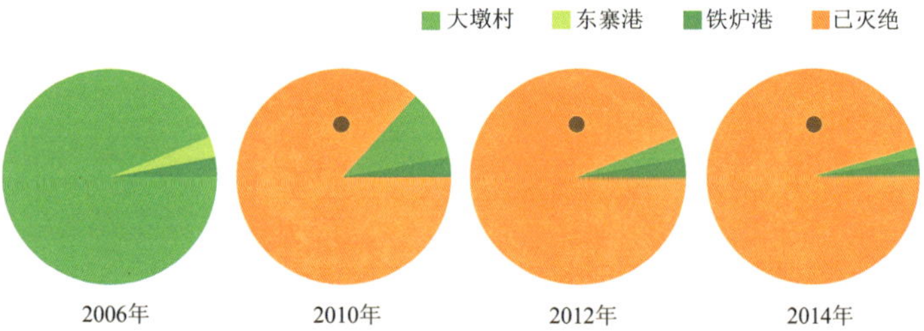

中国红榄李分布数量变化

2014年，陵水大墩村红榄李分布区域积聚的污水 供图/中国红树林保育联盟

张颖教授为了精准地开展人工辅助授粉，练就了高超的爬树能力，令人敬佩不已。张颖教授回忆起爬到树尖的场景时讲道："有时一阵风吹来，趴在树梢上的身子随风摇摆，甚至可以感觉到与蚂蚁、蜜蜂争花夺蜜的那种惊心动魄。"由此可见，红榄李繁育研究极其艰辛，"追风赶月莫停留，平芜尽处是春山"，张颖教授和她的团队相信，经过努力红榄李一定会得到宝贵的新生命。

张颖教授爬上树梢为红榄李进行人工授粉
供图 / 张颖

除了对红榄李现状的调研与繁育工作之外，最不可或缺的一部分便是东寨港国家级自然保护区管理局在保护区内部的努力建设。

2013 年，保护区管理局职工王式军主动请缨，开始对红榄李进行人工培育。他和几个同事从三亚捡回 100 多粒红榄李果实，并带回当地的土壤和水，在自家阳台上模拟原生地的生存环境，开始了漫长的探索过程。王式军的第一批果实共培育出 16 株幼苗，但是由于阳台的模拟环境并不能让幼苗得到很好的适应，这些小生命经历一番成长的挣扎后，最后只剩下 1 株。即使这样不尽如人意的结果也没有让王式军和同事气馁，他们选择了再一次尝试。

王式军在东寨港红榄李育苗基地
供图 / 中国红树林保育联盟

成熟掉落的红榄李果实
供图 / 中国红树林保育联盟

2014 年，王式军和同事们再次前往三亚采集红榄李果实带回东寨港，不同的是这一次他选择在保护区的苗圃中培育。在他们的悉心照料以及张颖教授等学者的支持下，第二批果实共培育出了 240 株幼苗。就在众人认为即将成功之时，一场台风的意外到来险些让所有努力功亏一篑。

狂风暴雨使海水变得异常浑浊，苗圃中大量的积水导致污泥将当时还不足 1 厘米高的红榄李幼苗全部埋住。面对这一局面，王式军和同事们连忙对幼苗展开“抢救”。为了避免脆弱的幼苗受损，王式军和同事们只能用棉花球蘸水后一株一株地进行清理。抢救幼苗的工作开展了半个多月，王式军和同事们坚持不懈的付出为这些宝贵的幼苗赋予了新生，育苗工作得以顺利进行。

在一次次尝试中，育苗技术终于得以突破。随后，保护区管理局专门开辟了一块约 20 亩的基地用于红榄李的野外种植。即使取得了如此成就，王式军与同事们也仍然脚踏实地稳步前行，在后续的管护工作中没有丝毫掉以轻心。

红榄李幼苗非常娇气，红树林里的螃蟹、海陆蛙、老鼠等都是它的天敌，而且时不时还会面临病虫害的破坏。他们就像对待自己的孩子一样每天悉心照顾幼苗，呵护它们成长。王式军和同事们的努力使红榄李这种宝贵的植物获得了新生机。

2023 年，东寨港自然保护区已有超过 20 亩共 2300 多株红榄李。

东寨港红榄李育苗基地　供图 / 中国红树林保育联盟

2016年，王式军因拯救红榄李的事迹荣获“感动海南”2015十大年度人物。如今已经67岁但退而不休的王式军依然坚持培育红榄李幼苗，就像他当年在“感动海南”颁奖典礼上说的那样：“种红榄李就像跑马拉松，一定要耐心等候。”而张颖教授也踏上了新征程，继续爬树开展红榄李的繁育和保护，同时还在推进其他濒危红树植物物种的培育，为重塑海上森林提供源源不断的珍稀濒危物种种苗。

红榄李的培育早已是他们生命的一部分，更是他们人生价值的重要体现。在红榄李的不断成长壮大过程中，他们用一生的努力与汗水换来无数生命延续，更获得他们心中信念的延续。

本文原创者

刘毅

厦门大学环境科学博士。中国红树林保育联盟理事长兼总干事、莆田绿萌滨海湿地研究中心主任、厦门市科普作家协会理事、IUCN世界保护地委员会（WCPA）及教育与传播委员会（CEC）委员、中国生态学学会红树林生态专业委员会委员。

自2001年至今一直开展红树林生态系统的研究和民间保育工作，同时开展潮间带软体动物的研究和科普工作。曾获英国最高自然保育奖——惠特莱奖、福特汽车环保奖、SEE·TNC生态奖等国内外知名环保奖项。

主编《我们赶海去》《潮汐国度——生命的繁衍密语》等科普读物10余本。编著的书籍曾获海南省优秀精神产品奖（海南省“五个一工程”奖）、中南六省（区）优秀教育读物特等奖、自然教育优秀书籍、生态环境优秀科普作品（图书）等荣誉。在《中国国家地理》《知识就是力量》《环球少年地理》《少年科学画报》《海洋世界》等期刊上发表多篇科普文章。

11 THE "INCLUSIVE NATURE EDUCATION" SYSTEM FOR MANGROVES

红树林“普惠型自然教育”体系

2023 年深厦海洋研学营
供图 / 中国红树林保育联盟

2023 年 7 月 11 日，经过 6 小时的长途旅行，来自深圳市盐田区的 39 名师生到达了厦门火车站，此行的目的是参加由中国红树林保育联盟（以下简称 CMCN）和深圳市盐田区陈霄翔名师工作室共同举办的第五届“深厦海洋研学营”。在五天四晚的时间里，营员们系统学习了海洋生物多样性知识，深度体验了海洋文化，并且开展了海洋保育活动。

营员们将认养回收的红树苗种回种源地潮间带
供图 / 中国红树林保育联盟

送红树苗回家

在研学营活动中，营员们带来了由深圳3300多名参加“红树苗认养计划”的学生共同认养并回收的550多株红树苗，并在研学营期间代表所有认养人“送红树苗回家”，将红树苗种植在潮间带，完成认养计划的使命。

“红树苗认养计划”于2015年由中国红树林保育联盟发起，是一个低门槛的研学和公民科学的长期项目，至今已连续开展九届。

深圳市南山实验教育集团荔林小学开展“送红树苗回家”主题活动，统一回收学生们认养的红树苗　供图 / 中国红树林保育联盟

截至2023年底，累计超过7000名认养人通过“红树苗认养计划”认养约18000株红树苗，其中近7500株健康的红树苗被顺利回收并种到海岸带。在每年红树植物繁殖体成熟的季节，CMCN便开始面向社会招募认养人，寄送繁殖体（胚轴），并提供详细的认养指南。在认养人近4个月的认养、培育、观察、记录以及接

受 CMCN 线上辅导和双方互动后，CMCN 统一回收培育好的红树苗和认养笔记，并通过组织志愿者活动将苗木种植到种源地的潮间带，开启红树苗“海岸卫士”的使命。

第九届“红树苗认养计划”启动仪式在深圳市盐田区外国语学校举办
供图／中国红树林保育联盟

“红树苗认养计划”能够提升公众尤其是青少年的科学素养，包括帮助其学习红树林生态系统的知识、掌握基础的科研设计及监测方法，培养其细心和耐心，也能够加强目标受众与保育对象的联结。许多热衷于参与红树苗认养的孩子，每天一回家，就像看望自己的小伙伴一样，给那些红树苗松土、浇水，耐心地观察它们的生长，甚至不忘给它们播放些悦耳的音乐。在 4 个月的培育期结束后

深圳市盐田区外国语小学东和分校开展“送红树苗回家”主题活动，统一回收学生们认养的红树苗　供图 / 中国红树林保育联盟

“红树苗认养计划”之认养笔记　供图 / 中国红树林保育联盟

回收红树苗时，不少孩子会依依不舍，仿佛是在告别自己的亲朋好友。因为这些红树苗已经成为他们生活的一部分，融入了他们的心灵，而种植经历也成为珍贵的记忆。

“红树苗认养计划”回收的部分红树苗　供图／中国红树林保育联盟

漫话红树林

在长期的一线自然教育实践中，CMCN 一直在寻找一种合适的题材，希望在保证科学性和前沿性的基础上，将生涩难懂的科研论文转化为通俗易懂的科普知识，并使其风趣灵动，更便于孩子们理解，从而跨越高专业性的科学知识与孩子们尚未成熟的理解能力之间这道鸿沟。于是，《红树慢漫画》诞生了！

《红树慢漫画》是中国首部以原创彩色多幅漫画形式展现的以红树林为主的滨海湿地生态系统及其生物多样性的科普作品，于

《红树慢漫画》里的生物多样性　供图／中国红树林保育联盟

2019 年 4 月在 CMCN 微信订阅号正式上线，供公众免费阅读。作品以章回的形式推进一个个相对独立的物种故事，漫画形象以物种的真实外观为创作基础，进行适当的艺术加工，让现实中的物种突破次元并拥有更加生动可爱的形象，兼具科学性和艺术性。漫画风趣幽默，形象生动，老少皆宜。

在知识的传递上，《红树慢漫画》采取独特的故事加科普的形式，使内容更具可读性。专家顾问团队保障作品的科学性，基于科学的故事创作和形象开发，使平凡生涩的物种变得灵动起来、跃然纸上，不同物种间发生的各种关系拼接起一个完善的生态系统。每回漫画分为物种漫画故事和延伸的刘博士大讲坛两部分。通过简洁易懂的文字，辅以漫画插图和摄影照片帮助读者更全面地获取物种的其他知识。

截至 2023 年 12 月底，《红树慢漫画》共更新 112 回，累计阅读量约 16 万人次。2020 年 11 月，中国版权保护中心审核通过《红树慢漫画》的版权保护申请，并颁发作品登记证书。《红树慢漫画》还推出了相关周边产品，比如“红树慢漫画系列微信表情包”，目前已推出 9 款表情包，共 128 个表情，总下载量超过 2 万次，总发送量超过 55 万次。

红树慢漫画周边——生物多样性年画
供图 / 中国红树林保育联盟

此外，《红树慢漫画》在《中国儿童报》和《奇趣百科》上已连载三年，并登陆蚂蚁森林—神奇海洋等平台。2022 年和 2023 年，《红树慢漫画》的内容正式出版为《我们赶海去》系列科普书籍，希望惠及更多的受众。目前，《我们赶海去》已出版 4 册，其中前两册入选 2023 年生态环境部“生态环境优秀科普作品（图书）”。

《红树慢漫画》在《中国儿童报》和《奇趣百科》上连载
供图 / 中国红树林保育联盟

《我们赶海去》系列图书　供图 / 中国红树林保育联盟

做本真的普惠型自然教育

“红树苗认养计划”和《红树慢漫画》隶属于CMCN在2018年创建的“普惠型自然教育”体系，在此之前，CMCN已经开展了17年公众参与和教育工作，积累了丰富的经验。

CMCN的前身是创建于2001年的厦门大学学生绿野协会红树林项目组，自成立之初，公众参与和教育工作一直是机构的核心工作。根据过去二十多年的探索与实践，CMCN认为公众参与和教育应恪守四个原则：基于科学，立足本土，给其所需，可持续性。

基于科学，传递正确知识

公众参与和教育有各种模式、方法，也有各自的名称，比如早期的环境教育和可持续发展教育，以及最近几年的自然教育，但本质上还是一个教育的行为，而最基本的准则是传递正确的知识，避免误人子弟。

以滨海湿地为例，在各个机构发布的五花八门的宣教资料和科普知识中，经常能看到科学性错误，甚至是直接复制、粘贴的内容。信息化时代，获取“知识”越发简单多样，网络上的信息比比皆是，“门外汉”辨识不了真假就拿去传授，就会造成以错传错。因此，CMCN在从事公众参与和教育工作时一直注重科学性，在输出理念和知识前会由相关领域的专家学者进行校正，并在未来不断更新和迭代。

立足本土，发现身边的大自然

自然教育应立足本土，鼓励受众从认识身边的大自然做起，建立与自然的连接。这个过程覆盖人群最广，也是自然教育最本源的属性。其实只要认真观察，每个人都能发现身边的大自然。

我国台湾地区“自然野趣”机构发起人黄一峰的书《怪咖动物侦探》讲的就是中国台北这样的大城市中常见的野生动物朋友们的故事。当这个基础打得足够牢、基数足够大的时候，以深度自然体验为目的的长途旅行等活动就会自然而然发生，而不是本末倒置，舍近求远。

CMCN 一直立足于本土，从初创期选择关注本土的红树林议题，一直到现在开发所在地的校本课程，和受众一起从认识身边的大自然做起。

给其所需，在相互学习中共同成长

公众参与和教育应注重受众的需要和特点，“给其所需”，相互学习和成长，而不是“自以为是”，一味灌输。应当充分了解受众的需求，用受众喜欢的方式去分享，并相互学习、共同成长。

CMCN 坚持“给其所需”的教育原则。以 2004 年前后出现的新生事物校本教材为例。校本教材在当时是一个新名词，教育部门要求各学校结合自身优势，基于周围文化、风俗和自然资源等特点开发学校自己的校本教材，并且每周用校本教材上一节课。对于分布于偏远乡村和海岛的红树林周边的小学而言，师资力量本身就不足，类似校本教材这样的新鲜事物更无从下手，但又是必须完成的工作，这便是学校的需求，于是湿地系列校本教材应运而生。

红树林保护校本教材教学研讨会
供图 / 中国红树林保育联盟

CMCN 开发的校本教材的主要受众是小学生和初中生。这个年龄段的孩子对事物充满了好奇，喜欢看童话故事、动手做实验、玩游戏，因此在校本教材的内容设计、呈现、故事风格、互动形式上都需要充分考虑这类受众的特点和需求。所以，CMCM 的校本教材都是以童话故事形式来编写，用艳丽的绘本插画来配图，并增加动手实验和互动游戏等课后延伸环节。让孩子们在看童话故事、看绘本、做游戏和实验等玩的过程中愉悦地学习，潜移默化地融入湿地的生物多样性、生态和人文知识。

CMCN 编写的湿地系列校本教材及相关科普书籍
供图 / 中国红树林保育联盟

至今，CMCN 的湿地系列已开发 8 套校本教材，其中 6 套为正式出版物，累计惠及超过 10 万名儿童和青少年，先后获得 2017—2018 年度中南六省（区）优秀教育读物特等奖、2017—2019 年度海南省优秀精神产品奖、中国林学会“自然教育优质书籍读本”和第五届海南省出版物政府奖等荣誉。

可持续性，激发个体对自然的热情

公众参与和教育，乃一场绵延悠长的迭代之旅，抑或是一幅绚烂绽放的终身学习画卷，绝非短暂的一堂课程或瞬间的感知活动所能够轻易实现的。CMCN 一直倡导公众参与和教育的可持续性，提供的是接触和认识自然的机会，在过程中进行温和的引领，唤醒每个人内心深处天生对自然的热情，按下这一“启动键”，让这份热情不被掩埋。后续再通过持续有效科学的知识输出来共同成长，但更多的可能性取决于那些被启发的个体自愿追求和自主学习。

事实上，中国的自然教育机构并不少。自 2014 年以来，中国的自然教育行业蓬勃发展，最直观的表象是大量自然教育机构如雨

劲草生物多样性嘉年华　供图 / 中国红树林保育联盟

后春笋般孕育而生，这在阿拉善SEE创绿家计划评审入围名单中得到了淋漓尽致的体现，尤其是2015—2018年，入围创绿家计划的新成立的自然教育机构出现“井喷”。在这个过程中，自发成立的全国自然教育网络发挥了重要的平台支持、人才培养、行业研究等作用。但是，不少问题也随之显现。比如，或多或少会有一些资源导向型的自然教育机构孕育而生，当这波热度过去资源耗尽后，这些机构很可能也跟着消失了；再如，还有一些新兴的自然教育机构缺乏课程开发能力，又疏于自身的积累，只能输出在行业培训过程中学到的知识和方法，或者干脆直接抄袭，因此这个行业自身还有很长的路要走。

自2018年起，CMCN发现了自然教育领域的另一个严峻问题：虽然自然教育的机构越来越多，但是面向公众开展的低门槛甚至无门槛的“普惠型自然教育”的机构比例并没有增加，甚至呈现减少的趋势。大量的机构和资源转向收费较贵的、深度体验的、长途跋涉的高门槛甚至精英型自然教育活动。于是，CMCN 将公众参与和教育理念更新为“普惠型自然教育”，在精力和资源有限的前提下，希望使用有效的方法和途径，撬动更多资源，惠及尽可能多的普通公众，尤其是儿童和青少年。具体包括基于场域（自然教室和户外实践基地）的公众活动、滨海湿地校本教材的开发及系列推广、无门槛的《红树慢漫画》系列和“劲草生物多样性嘉年华”“把红树林画进日历”“红树苗认养计划”“小小公民科学家”“海洋生态研学营”等适合青少年的低门槛品牌活动。

伴随自然教育的普及，“自然缺失症”一词迅速被大众所熟知。“自然缺失症”本质上描述的是人与自然缺乏连接、逐步疏远，甚至割裂的亚健康状态。CMCN 认同其描述的现象和本质，但认为将其描述为一种病症并不合适，翻译为“自然缺失现象”也许更为恰当。

人与大自然之间的纽带犹如一枚烙印，自古便铭刻在我们灵魂的深处。然而，有许多人因为久居城市之中，与自然的交往机会稀少，使得这个天赋的联系在他们心灵深处沉睡，犹如一颗遥不可及的星辰。自然教育，就像一位巧妙的艺术家，按下了重新点燃这颗星辰的魔幻按钮，创造了场所和机会，有力而巧妙地引导着这个古老而深刻的联系。所以，本质上自然缺失的现象是存在的，但不能断言为一种病症。另外，既然自然教育的目的是让尽可能多的公众与自然建立连接，消除“自然缺失现象”，那么将更多资源和人力投入“普惠型自然教育”，惠及更多的人，才是自然教育机构义不容辞的责任和使命。

“把红树林画进日历”儿童画获奖作品
在《中国儿童报》上刊登
供图 / 中国红树林保育联盟

“把红树林画进日历”获奖
小作者和他的获奖作品
供图 / 中国红树林保育联盟

我国的自然教育，犹如一位青涩而朝气蓬勃的年轻才子，憧憬着遥远的前程。放眼可预见的未来，社会对自然教育的渴求和大众内心深处对于“普惠型自然教育”的深切渴望，宛如种子在寻找阳光。这股巨大的需求浪潮，必然催生出更多的机遇和挑战，等待那些勇往直前的自然教育者去征服。

本文原创者

刘毅

厦门大学环境科学博士。中国红树林保育联盟理事长兼总干事、莆田绿萌滨海湿地研究中心主任、厦门市科普作家协会理事、IUCN世界保护地委员会（WCPA）及教育与传播委员会（CEC）委员、中国生态学学会红树林生态专业委员会委员。

自2001年至今一直开展红树林生态系统的研究和民间保育工作，同时开展潮间带软体动物的研究和科普工作。曾获英国最高自然保育奖——惠特莱奖、福特汽车环保奖、SEE·TNC生态奖等国内外知名环保奖项。

主编《我们赶海去》《潮汐国度——生命的繁衍密语》等科普读物10余本。编著的书籍曾获海南省优秀精神产品奖（海南省“五个一工程”奖）、中南六省（区）优秀教育读物特等奖、自然教育优秀书籍、生态环境优秀科普作品（图书）等荣誉。在《中国国家地理》《知识就是力量》《环球少年地理》《少年科学画报》《海洋世界》等期刊上发表多篇科普文章。